CONTINUATION

DE LA

LITHOGÉOGNOSIE PYROTECHNIQUE,

Où L'ON TRAITE PLUS PARTICULIÉREMENT de la connoissance des Terres & des Pierres, & de la maniere d'en faire l'examen.

Par J. H. POTT.

A PARIS,

Chez JEAN-THOMAS HÉRISSANT, rue Saint Jacques, à S. Paul & à S. Hilaire.

M. DCC. LIII.

Avec Approbation & Privilége du Roi.

PRÉFACE

Aux amateurs de la connoiſſance de la Nature.

IL eſt très-rare que la Nature nous offre ſes productions ſans déguiſement, & dans un état à pouvoir en reconnoître ſur le champ les propriétés eſſentielles. Elles ſont ordinairement combinées entr'elles de tant de façons différentes, que, pour les décompoſer avec intelligence, & les développer avec exactitude, on eſt obligé d'emprunter les ſecours, non-ſeulement de l'air, de l'eau, & ſur-tout des différens dégrés

du feu, mais encore de toutes
sortes de terres plus connuës, de
diſſolvants, de mouvements, &
de mélanges. C'eſt la voie que
j'ai ſuivie dans la premiere Partie
de ma Lithogéognoſie, qui a
pour objet les Terres & les Pierres les moins compoſées. Là, j'ai
conſidéré ces matiéres ſuivant
leurs propriétés & leurs rapports
les plus généraux. Je vais donner
ici des recherches plus détaillées
& des régles plus propres à leurs
différentes eſpéces. J'eſpére que
les amateurs d'une Phyſique ſolide verront avec plaiſir dans ce
nouveau Traité l'Hiſtoire des ſuc-
cès qu'ont eus les opérations que
j'ai continuées ſur les corps terreſtres ; l'application des principes généraux que j'ai établis ci-
devant, aux compoſitions particulieres ; le moyen d'atteindre à
des découvertes capables de faci-

liter un genre d'étude important,
& de répandre du jour sur un objet très-vafte par lui-même, &
jufqu'ici très-obfcur ; & mes opérations, & la méthode que j'ai
fuivie, juftifiées contre les reproches de ceux qui en ont eſſayé
la critique. Quant aux Auteurs
qui, aſſez ſatisfaits de mes
expériences & des concluſions
que j'en ai tirées, ou de s'en em-
parer comme d'un bien qui leur
appartenoit, ou, pour en faire
honneur à d'autres, je crois qu'il
eſt inutile de s'y arrêter. Les con-
noiſſeurs appercevront bien, ſans
que je les en avertiſſe, que leurs
prétentions ſont mal fondées ; &
d'ailleurs, comme ils ont, par
leur procédé, donné lieu à de
plus amples recherches, on doit
en quelque façon leur ſçavoir
gré de leur injuſtice. Je ne traiterai point avec la même indiffé-

rence ceux , qui rebutés des foins
& des travaux que demande un
examen de cette nature , prennent le parti de le rejetter comme fuperflu ; & moins encore
ceux qui , malgré le peu d'étendue de leurs connoiffances , s'ar-
rogent le droit de décider de
tout ; qu'on fent difpofés à ne
rien approuver que leurs propres découvertes ; & qui , fous
prétexte que le feu détruit les
corps , & que l'on a des moyens
meilleurs & plus fûrs pour arriver à leur connoiffance , prof-
crivent , foit comme infuffifante,
foit comme incertaine, la méthode d'examiner les corps terre-
ftres par le moyen du feu & des
diffolvants. Cette deftruction
qu'on prétend être l'effet du feu,
femble n'avoir lieu proprement
que dans les corps , dans la compofition defquels il entre beau-

coup de particules viſqueuſes,
oléagineuſes & ſalines ; les autres n'y ſont point ſujets ; la plûpart des Terres & des Pierres,
ſur-tout les ſimples dans leſquelles on ne remarque que peu ou
point de parties viſqueuſes & o-
léagineuſes, ne ſouffrent rien de
ſemblable : or, il ne s'agit ici
ni de ſubſtances bitumineuſes &
oléagineuſes, ni d'autres compoſés de cette nature ; mais, quand
il en ſeroit queſtion, & qu'on
conviendroit qu'une eſpéce de
deſtruction pût avoir lieu dans
quelques Terres & dans quelques
Pierres, ſon ne pourroit s'empêcher de reconnoître en même-
tems que chaque eſpéce doit en
ſouffrir une qui lui ſoit particuliere, & qui par conſéquent doive être regardée comme un ca-
ractére diſtinctif dont on puiſſe
tirer des conſéquences très-ſûres

& très-applicables aux corps plus compliqués ou plus composés. On peut, par exemple, accorder dans un certain sens que l'argile est détruite par le feu : en effet, il lui fait perdre sa ténacité, & son onctuosité ; alors elle se condense, se durcit & n'est plus propre à être tournée à la roüe, &c. mais cela empêche-t-il d'avouer l'avantage de cette espéce de déstruction, & d'en faire un caractere auquel on puisse reconnoître toutes les Terres ou Pierres argilleufes, & même les autres corps dans le mêlange desquels il entre une portion d'argile assez considérable ? En est-on moins obligé de convenir que la propriété de se durcir dans le feu distingue cette espéce de terre de toutes les autres ? Ne s'ensuit-il pas du sentiment opposé, qu'on auroit tort d'extraire, ou de di-

ftiller cette Terre, pour en examiner les parties, puifqu'elle fe
durcit auffi dans la diftillation, &
que la partie glutineufe fe détruit? M. Carl, dans le Traité qui
a pour titre : *Lapis lydius offium
foffilium*, conclud que les os foffiles doivent réellement apparte-
nir au régne animal, parcequ'on
en obtient par la diftillation au
grand feu une huile empyreumatique & un fel volatil, & que
le *Caput mortuum* mêlé avec de la
fritte donne un verre blanc &
opaque, caractéres diftinctifs du
régne animal. Ne feroit-il pas
ridicule de nier la vérité de cette
conclufion, fous le prétexte que
les produits, c'eft-à-dire, l'huile empyreumatique, le fel volatil & le verre blanc font les ré-
fultats d'une deftruction ? Dans
les opérations où le feu opére une
deftruction, il combine, à la vé-

rité , les parties d'une maniere toute différente de celle dont elles étoient combinées auparavant; mais il ne laiffe pas d'indiquer fûrement & infailliblement la nature des parties dont un corps eft compofé. Lorfqu'il a été appliqué de la même façon, il détruit précifément de la même maniere ; de forte que l'on a toujours les mêmes produits : & fi un corps ne contenoit pas des parties inflammables , le feu ne feroit point en état d'y former ou d'y produire de l'huile empyreumatique.

On ne feroit pas mieux fondé à rejetter l'examen par le feu, fous prétexte que fouvent les Terres ne font point pures : car 1°. Nous avons un nombre confidérable de Terres & de Pierres affez pures & affez fimples , pour qu'elles puiffent fervir de modéles.

20. Nous conoiſſons des opérations propres à purifier les Terres impures, & à ſéparer leurs parties hétérogénes d'avec celles qui ſont homogénes ; c'eſt par le moyen de l'eau, du feu & des diſſolvants. Quand, par exemple de la Terre Calcaire ſe trouve mêlée avec le Sable, on peut l'en ſéparer, ſans la moindre altération de cette derniere ſubſtance, ou par les acides, ou par la calcination, ou par le lavage ; pareillement quand il ſe rencontre du Sable parmi la Craye ou l'Argile, on l'en ſépare par le lavage, &c. & quand cette maniere de ſéparer ne pourroit pas toujours avoir lieu, il n'en ſeroit pas moins conſtant, que les expériences faites par le feu, démontrent avec la derniere certitude non-ſeulement quelle eſt dans les corps compoſés, la ma-

tiére qui domine ; mais encore, quelle est la nature des autres parties qui s'y trouvent mêlées ; de sorte que l'on est en état de juger avec plus de confiance des effets Physiques & Médicinaux qu'on doit attendre des corps ainsi composés ; d'ailleurs, cette voie est propre à procurer les Phénoménes qui distinguent ces corps composés, d'avec les corps purs. Et que l'on ne m'objecte point, combien on est peu sûr d'employer toujours dans ces opérations précisément le même dégré de feu : pour réussir, il ne faut qu'observer le tems du travail, & connoître les effets de ses fourneaux. Il seroit inutile, pour l'ordinaire, de porter dans cet examen, le scrupule, jusqu'à exiger la mesure des degrés du feu, telle qu'on l'obtient par le Thermométre ; & l'on n'a pas à craindre, fur-tout à l'égard des Terres les plus fimples , qu'elles foient facilement altérées ou détruites par un feu trop vif. On aura beau appliquer & très-longtems & le feu le plus violent fur la Chaux, fur la Craye , fur le Sable , &c. il n'en réfultera jamais un changement fenfible.

Il feroit encore plus bizarre d'attaquer la méthode que j'ai fuivie , en la rendant refponfable des opérations ridicules & des idées abfurdes auxquelles elle auroit pû entraîner quelques Chymiftes. Je demande fincérement fi ces particularités peuvent porter aucun préjudice à l'art même, & fi l'on fe croit autorifé à le décrier , parceque quelques prétendus artiftes , faute de s'entendre, en auront fait de mauvaifes applications. Mais enfin , quels font les moyens qu'on prétend nous

conduire plus fûrement & plus facilement que le feu & les diſſolvants à la connoiſſance des Foſſiles ? On trouve, à les bien examiner, qu'ils ſont ordinairement
beaucoup plus pénibles, toujours
moins ſûrs & ſouvent très-défe-
ctueux. Je crois avoir raiſon de
porter ce jugement de la meſure,
de la quantité, des expériences
hydroſtatiques, de la conſidéra-
tion des figures extérieures des
corps, de leur gravité, de leur
élaſticité, de leur denſité, de leur
rareté ; qualités qui peuvent ne
dépendre qu'accidentellement des
différents dégrés de fluidité de
l'eau, de la douceur & de l'aſpé-
rité au toucher, &c. Les objets
de nos recherches ne ſont pas des
corps organiques, & tels que
ceux qui forment les régnes végétal & animal. Un Mineur qui
tire les minéraux du ſein de la

terre ne s'arrête qu'à ce qui a de
l'éclat & contient du métal ; il re-
jette la matrice ou terre qui y est
mêlée, sans sçavoir & sans même
s'embarrasser de connoître quelle
espéce de Pierre elle peut être.
Cependant je ne prétens pas qu'il
soit toujours nécessaire d'avoir recours aux épreuves du feu ; on
peut s'en passer, quand les signes
extérieurs indiquent assez clairement un état non mêlangé ; ou
quand la nature intérieure & la
substance de ces corps a déja été
suffisamment examinée, de cette
même façon, soit par moi, soit
par d'autres. Mais lorsqu'il se
présente des corps mêlangés sin-
guliérement, dont la connoissance est difficile & peu sûre ; lorsqu'ainsi qu'il arrive souvent, on
n'y découvre point extérieurement
des marques suffisantes auxquelles on puisse s'en rapporter ; c'est

alors que je crois qu'il faut avoir recours au feu, & qu'on peut mê- me l'employer en toute sûreté. En effet, la plûpart des métho- des que j'ai suivies dans mes opé- rations ne sont pas assez diffici- les, pour qu'un commençant dans l'étude de la Chymie ne puisse ac- quérir, par un petit nombre d'es- sais, l'habitude nécessaire pour tenter des expériences sans crain- te de se tromper. De plus, on n'emploie point ici dans les mê- langes des matiéres dont les pro- priétés soient ignorées ; ce ne sont que des Terres & des Sels les plus ordinaires & les plus com- muns que l'on peut toujours avoir purs, quand on veut réitérer ses expériences, pour les vérifier. Si les Anciens avoient ajouté aux des- criptions des Fossiles qu'ils nous ont laissées, un détail des effets que le feu produisoit sur eux,

nous n'aurions point tant de peine à les reconnoître. La figure
extérieure n'étant pas toujours
suffisante pour faire distinguer
les corps déja connus , elle doit
à plus forte raison l'être beaucoup moins lorsqu'il est question
de ceux que nous ne connoissons
point , & qui sont composés. J'ai
vu vendre à des gens qui se
croyoient très-habiles , une mine
de Cinnabre assez transparente,
pour de la mine d'argent rouge ;
cependant le moindre essai par le
moyen du feu auroit suffi pour en
juger avec certitude. Au reste ,
je ne vois pas que l'examen des
Fossiles par le feu doive empêcher d'employer telles autres voies
qu'on jugera à propos , pour en
connoître les propriétés ; je crois
seulement que cet examen facili-
tera la découverte , épargnera
une infinité de travaux inutiles,

& difpenfera d'un grand nombre d'effais qui ne ménent à rien.
Un fondeur connoît paffablement
les fondants qu'il eft dans l'ufage
de joindre à un corps connu, qu'il
veut faire entrer en fufion ; chez
lui c'eft une routine : mais la figure extérieure vient-elle à va-
rier par le mêlange accidentel de
quelque fubftance étrangére , il
héfite & ne fçait plus ce qu'il doit
faire ; cependant un effai à l'aide
du feu fuffiroit pour le décider.
Si on donnoit à ces ouvriers *la
fauffe amethyfte de Bach* *, qui eft
d'une couleur vive , je doute fort
qu'ils ofaffent l'employer comme
un fondant ; cependant la propriété qu'elle a d'entrer en fufion
avec la Craye, indique affez qu'el-

---

* Il y a tout lieu de croire que **M.** *Pott* veut
défigner par-là une efpéce de *Fluor* ou *Spath*
criftallifé, de couleur d'amethyfte qui fe trouve dans plufieurs mines : il y en a auffi de beaucoup d'autres couleurs.

le pourroit fort bien fervir à cet ufage. Concluons donc que les marques extérieures ne fournif-fent fouvent que quelques dégrés de probabilité fur la nature d'un corps. Lorfqu'on doute d'un dia-mant, le lapidaire décide s'il eft vrai, après qu'il l'a touché, pour en connoître la dureté; mais il n'en paroît pas moins certain, qu'il faut s'en tenir à la métho-de de faire l'épreuve des Foffiles par le moyen du feu & des diffol-vants, jufqu'à ce qu'on ait dé-couvert un autre moyen plus aifé & plus fûr.

J'ai obfervé dans un autre en-droit que l'Afbefte, la Pierre ponce, & les concrétions Gyp-feufes & Calcaires ont toutes une texture fibreufe; & je trouve qu'il eft très-difficile au fimple coup d'œil de mettre chacune de ces Pierres au rang qui convient;

au lieu que le feu & les diffolvants les font très-aifément diftinguer : il en eft de même de plufieurs autres fubftances qui peuvent fe reffembler par la figure extérieure, quoiqu'elles diffèrent confidérablement par rapport aux Terres qui les compofent. Mais ne doit-on pas mettre au nombre des Foffiles les Terres fubtiles & en pouffiere dans lefquelles il eft fouvent très-difficile de remarquer une ftructure particuliere ? par exemple, qui difcernera, fans le fecours de la Chymie, une terre Gypfeufe en pouffierre d'avec une terre Calcaire ? Les Pierres factices de Vienne, & plufieurs autres compofitions plus dures, ne peuvent-elles pas nous faire douter, fi la vivacité & l'éclat font des marques fuffifantes pour diftinguer les Pierres factices d'avec les véritables ? Par

quelle raison assez forte pour-
roit-on nous obliger à séparer la
connoissance des Fossiles d'avec
la recherche de leur nature & de
leurs propriétés ? Ce dernier point
n'est-il pas le plus important dans
cette matiére ? La Chymie ne de-
vient-elle donc pas nécessaire à
la Théorie physique des Fossiles,
& par conséquent à la connoissance certaine de ces substances ?
On voit dans le pénible ouvrage
de M. Ludewig, *de Terris musæi Dresdensis*, que , quoique
l'Auteur ait employé l'essai Chymique par l'effervescence, il est
resté plusieurs substances qui
n'ont pu se ranger en classes avec
l'exactitude nécessaire. Soit qu'on
n'ait pas été dans le cas ou dans le
dessein de recourir aux épreuves
du feu , il est arrivé que les êtres
ont été multipliés sans nécessité,
& que la difficulté de connoître

les Terres s'eſt accrue par l'intro-
duction d'une infinité de noms,
qui depuis long-tems n'étoient
plus en uſage. Je ne prétends
point nier que cette matiére ne
ſoit d'une très-grande étendue,
& qu'il n'y ait encore bien des
recherches & des découvertes à
y faire, & des connoiſſances à
rectifier ; mais j'ai cru qu'il étoit
à propos de commencer par po-
ſer des fondemens ſolides : c'eſt à
ces préliminaires eſſentiels que
j'ai tâché de contribuer ; d'autres continueront le travail & élé-
veront l'édifice avec plus de facilité. Je ſens fort bien que dans
les choſes mêmes, dont je me
ſuis propoſé l'examen, je n'ai pas
tout approfondi, & que j'ai laiſ-
ſé bien des points à éclaircir &
des queſtions à décider à ceux qui
me ſuccéderont dans la même
carriére. Il leur faudra de nou-

velles expériences & des compa-
raisons plus exactes que celles
qu'on aura tentées avant eux. Il
sera très-à-propos, pour faciliter
le succès de leurs recherches, de
faire un extrait de toutes les opérations générales, & d'en réduire les résultats en Tables, afin
que d'un coup d'œil on puisse appercevoir en quoi les substances
de chaque classe principale différent entr'elles dans les épreuves
par le feu, par les dissolvants,
par les Sels fusibles, par les différents mélanges avec des Pierres &
d'autres Terres *. On pourroit
suivre les mêmes régles dans l'e-

* Ce que M. Pott propose ici a été exécuté
par M. de Montamy, premier Maître d'Hôtel
de Monseigneur le Duc d'Orléans, même a-
vant que l'on eût connoissance de cette secon-
de Partie de la Lithogéognosie. Ce Sçavant a
bien voulu se charger de mettre en Tables
toutes les opérations contenues dans la première : on les trouvera dans cet Ouvrage.

xamen des conerétions mêlangées
dont la nature n'eſt pas encore
connue ou déterminée ; on n'auroit qu'à prendre pour modéles
celles qui le ſont déja ſuffiſam-
ment , & l'on détermineroit par
comparaiſon les claſſes & les eſpéces dont ces ſubſtances appro-
chent le plus. Je voudrois encore,
que ceux qui en ont la commodi-
té , tentaſſent des expériences
avec le feu du Soleil, non-ſeulement ſur chacune des principales claſſes , des Terres & des Pierres , mais encore ſur leurs différents mêlanges , & qu'enſuite on
conférât avec exactitude les réſul-
tats de toutes ces expériences. C'eſt
une voie que l'on a déja ouver-
te & ſuivie dans
un Mémoire ſur le Ma-
gazin de Hambourg,
lement à ſoutenir
pas omis , ou n'a

les plus simples. Quant à moi, j'ai pu dans mes recherches me tromper quelquefois comme un autre ; mais je suis sûr de n'avoir rien à me reprocher, sur-tout, si l'on convient, qu'il est pres-que impossible, lorsqu'on entre-prend un grand nombre d'expé-riences, de les conduire & de les exécuter toutes avec la même cir-conspection. C'est dans ce cas que les plus habiles & les plus clair - voyans n'ont pas toujours été exempts d'erreur. Quoi qu'il en soit, si l'on me surpasse, ce ne sera certainement pas dans la sincere disposition à convenir des fautes dont on pourra me con-vaincre : & comme la politesse de notre siécle ne me laisse point appréhender qu'on le fasse d'une maniere qui puisse blesser la bien-séance, je me reconnois d'avan-ce redevable aux personnes qui

B

prendront la peine de me montrer en quoi je me suis trompé.
Je ne serai pas le seul qui en re-
tirerai de l'avantage; il me sera
commun avec tous les amateurs
de la connoissance véritable de
la nature ; & ils ne pourront man-
quer de sçavoir bon gré à ceux
qui leur fourniront des expériences plus exactes & mieux fondées
que celles qu'on avoit auparavant. Je commencerai moi-même
par donner le signal, en indi-
quant quelques fautes qui se sont
glissées dans ma Lithogéognosie,
& que je n'ai découvertes qu'a-
près coup ; *Dies diem docet*. A
la page 40 de cet Ouvrage, où
je parle du mêlange de la Terre
alcaline avec l'Argile, je juge
qu'il est nécessaire de restreindre
toutes les expériences que j'y rapporte au cas dans lequel les mêlanges sont renfermés dans les

creusets ; car l'expérience m'a appris par la suite, que dans un feu immédiat, ouvert, & très-violent, deux parties d'Argile mêlées avec une partie de Pierre Calcaire, & même une partie d'Argile mêlée avec trois parties de Pierre Calcaire, entrent en fusion. Il est bon de remarquer sur ce que j'ai dit à la p. 82, que les mélanges de l'Argile avec la Terre gypseuse, acquiérent aussi un degré de fusibilité beaucoup plus grand quand ils sont exposés à l'action immédiate du feu, que quand ils sont renfermés dans un creuset. J'ai reconnu qu'à feu nud l'Argile & le Gypse entroient également en fusion ; mais je me réserve d'en parler dans une autre occasion. En traitant des Terres qui tiennent de la nature des Cailloux, j'ai dit à la page 170, que le *Liquor sili-*

cum ne se précipitoit pas si aisément par les acides nitreux du Sel, & du Vinaigre, que par l'Acide vitriolique, & il est vrai qu'il y résiste; mais, si on met suffisamment de ces acides concentrés, & qu'on étende ensuite toute la solution avec de l'eau, on parvient enfin à produire une précipitation.

Avant que de finir cette Préface, je crois devoir annoncer au Lecteur, que je travaille actuellement à un Ouvrage dans lequel je traiterai de la préparation des vaisseaux qui résisteront le mieux à l'action du feu le plus violent, lorsqu'on y aura mis des matiéres à fondre : ce travail doit contribuer à la perfection de la Lithogéognosie ; il pourra même servir à la rectifier & à l'éclaircir en plusieurs points. C'est par cet examen que

l'on apprendra comment les Pierres ou Terres que l'on nomme
Apyræ, réfractaires, sont en état
de soutenir l'action d'un feu immédiat très-violent & continué,
non-seulement par elles-mêmes,
lorsqu'on en a formé des vaif-
seaux & des creusets ; mais encore lorsqu'on en a fait différentes compositions dans lesquelles
il est entré des substances fusibles qui les rongent, telles que
des Sels, des Verres, des Régu-
les métalliques, & même des
Chaux & des Terres qui entrent
aisément en fusion.

Outre l'Ouvrage que je viens
d'annoncer, je compte donner
encore des recherches particulieres sur l'Asbeste : ces recherches tiennent aussi, comme on
s'en apperçoit bien, au sujet que
je traite ici. Je ne souhaite rien
avec tant d'ardeur que de voir

B iij

mon travail contribuer à l'utilité du Public, à la connoiſſance de la nature, & à la gloire de ſon Auteur.

DES JUGEMENS

DE

QUELQUES AUTEURS

MODERNES

Sur la nature & la distribution des Terres & des Pierres les plus connues.

POUR mettre de l'ordre dans ce Traité, j'ai cru devoir conserver celui que M. Woltersdorf a suivi dans son *Systême du régne minéral;* il y a rassemblé avec choix les substances de ce régne qui sont le plus en usage ; & comme je m'attache principalement à la recherche de la nature & des propriétés des corps, je crois pouvoir me dispenser de parler ici des pétrifications, qui ne semblent être que des objets de simple curiosité. Cet Auteur ayant fondé sa

B iv

diſtribution des Foſſiles ſur la différence des matiéres dont ils ſont compoſés, il eſt aiſé de concevoir combien il doit y avoir d'utilité à perfectionner un ſyſtême minéral qui eſt le ſeul vrai, & qui eſt appuyé ſur la connoiſſance des parties qui conſtituent les ſubſtances qu'il embraſſe. Aidé d'un ſyſtême ſemblable, on peut connoître avec certitude à quelles opérations & à quels uſages on employera chaque choſe ; ce qui approche le plus près d'une ſubſtance qui nous manque ; ce qu'on peut lui ſubſtituer ; enfin, à quelles expériences une choſe peut ou ne peut point convenir ; ce qui diſpenſera d'une infinité de travaux inutiles. Mais, en conſidérant le plan de ce ſyſtême, on ſent que pour le bien exécuter, il faut une connoiſſance très-étendue des propriétés intérieures de la plupart des corps qui compoſent le vaſte régne que l'on appelle *Minéral*. Il ne ſuffit point d'avoir acquis la connoiſſance de la ſtructure extérieure des corps, & de la reſſemblance ou de la différence qui ſe trouve entre eux ; il faut principalement s'attacher à découvrir quelle est la nature de leur substance , des Terres qui leur servent de base, & des parties qui constituent leur essence. La premiere connoissance n'est que superficielle ; la derniere au contraire a pour objet la vraie ressemblance ou différence qui se trouve dans les corps composés. En ne comparant les corps que par l'extérieur , il peut y en avoir plusieurs qui se ressemblent beaucoup , quoique d'ailleurs ils différent infiniment les uns des autres dans leur composition. Les Pierres & les Fossiles blancs & transparens , par exemple , du nombre desquels sont le Quartz , le Caillou , le Crystal , le *Glacies Mariæ* , les Spaths crystalisés , le Spath alcalin , les Pierres précieuses, se ressemblent beaucoup par la transparence qui leur est commune ; cela n'empêche pas que ces substances ne différent considérablement par leur composition. C'est ainsi que plusieurs substances ont la figure extérieure de l'alun de plume, dont les fibres rectilignes sont étroitement liés, quoique d'ailleurs ces substances aient des propriétés tout-à-fait différentes ; & que, malgré la ressemblance qu'elles ont à l'extérieur, elles présentent des phénoménes très-différens, lorsqu'on en fait l'examen chymique, ou qu'on les combine avec d'autres corps. Par conséquent, si quelqu'un veut travailler solidement & utilement sur cette partie intéressante de l'Histoire naturelle, il faut nécessairement qu'il soit en état d'examiner par lui-même avec toute l'attention nécessaire, les principales substances du regne minéral, & d'appuyer ses recherches sur des essais suffisans, & sur des expériences propres à découvrir la nature intérieure & les propriétés cachées de chaque chose. Sans la lumiere qu'il tirera de cette méthode, & qui lui appartiendra, il en sera réduit à copier servilement ceux qui ont travaillé avant lui, à se fier à leur autorité, à répandre parmi ses contemporains, & à transmettre à la postérité, des erreurs déja accréditées ; & il portera plus de préjudice à la connoiſſance de la nature, qu'il ne contribuera à ſes véritables progrès.

Je ne connois perſonne qui ait entrepris, avant la publication de ma Lithogéognoſie, de ranger ſelon quelque ordre, les Terres minérales primitives, & de déterminer leurs caracteres eſſentiels. Je ne ſuis cependant pas moins diſpoſé d'accorder aux travaux de Meſſieurs Hiaerne, Bromel, & ſur-tout de M. Henckel, les éloges qui leur ſont dus; mais je puis dire, ſans me flater, que perſonne ne s'eſt donné plus de peine que moi, pour perfectionner cette matiére par un très-grand nombre d'expériences pyrotechniques; car elle n'eſt pas de celles qu'on puiſſe éclaircir, & dans leſquelles on faſſe des découvertes, ſans ſortir de ſon cabinet, ſans quitter le coin de ſon feu, par la ſimple inſpection, par la ſeule comparaiſon extérieure: elle demande un nombre ſuffiſant d'expériences réitérées & faites ſur-tout par le ſecours du feu & des diſſolvans. En publiant les miennes, je n'ai eu deſſein que de mettre tous les amateurs des Sciences, & sur-tout mes Compatriotes, à portée d'en profiter. Je n'ai donc point à me plaindre de ce que M. Woltersdorff, en composant son *Systême du regne minéral*, a fait usage de mes recherches sur les Terres & sur les Pierres, ni de ce qu'il a été le premier à adopter la distribution que j'en ai donnée ; mais je n'aurois pas cru que la réputation de cet Auteur eût été compromise, ni qu'il eût eu à craindre le reproche d'avoir suivi aveuglément les autres, quand il auroit indiqué la source où il avoit puisé, & nommé celui à qui ces découvertes ont couté un nombre incroyable d'expériences & de peines. C'est avec quelque surprise que je ne me suis vu cité, qu'à la fin de son Ouvrage, & à l'occasion d'une chose peu importante sur l'Alun. De semblables procédés sont préjudiciables à l'Histoire du progrès des Sciences, & en font souvent perdre le fil. Comme d'ailleurs, son application, ses propres recherches, & son exactitude font vraiment dignes de louanges,

je ne conçois pas, qu'en me rendant
ce qu'il me devoit, il eût perdu quelque chose du mérite qui lui appartenoit. Cependant l'exposition du systême est telle dans son Ouvrage,
que les Lecteurs, sur-tout les Etran-
gers qui n'ont pu lire ma Lithogéognosie que j'ai écrite en Allemand,
doivent naturellement penser, que
c'est à M. Woltersdorff que l'on est
redevable de la nouvelle distribution;
que c'est lui qui a découvert un si
grand nombre de fautes dans Linnæus & dans d'autres, & qu'il a fait
les expériences décisives dont il tire
ses preuves; tandis que toutes ces
choses sont prises dans mon Ouvrage, quoiqu'à la page septiéme il appelle en termes exprès, *sa méthode*,
son systême, l'ordre qu'il a suivi. Il
ne s'agit point ici de vaine gloire :
ce n'est point là le motif qui me fait
parler; il s'agit des droits de l'Histoire & non des miens : je ne reven-
diquerai point ceux-ci, quand les autres seront à couvert : quant à moi je
suis redevable à M. Woltersdorff du
dessein que j'ai formé depuis, d'exa-

miner de plus près différentes substances du regne minéral, d'en re-
chercher autant qu'il me sera possible les propriétés cachées, de pu-
blier les expériences les plus propres
à faire connoître la nature de ces
corps, & de montrer en même tems
combien l'examen chymique est nécessaire dans ces sortes de recherches, & combien d'un autre côté on
est exposé à se tromper, quand on n'y
a point recours, ou qu'on n'est point
en état de le faire.

Je ne prétens point appliquer ces
reproches à M. Woltersdorff; cette
matiere n'étant point l'objet de ses
principales occupations. J'ai cru qu'il
étoit avantageux de porter plus loin
les bornes de cette partie essentielle
de la Physique, de dévoiler les erreurs & les préjugés nombreux qui
y dominent, & de l'en délivrer, autant qu'il me sera possible. On verra
par l'exécution de ce plan, combien
dans cette science, ainsi que dans
beaucoup d'autres, il y a de témérité
à forger des systêmes avant que d'a-
voir un nombre suffisant de faits &

d'expériences : & l'on sentira la différence considérable qui se trouve entre un examen purement extérieur & théorétique des corps de la nature, & celui qui est fondé sur la pratique & sur l'expérience. Je ne crois point que l'Auteur du *Système minéral* puisse avoir aucune raison de s'offenser de mon entreprise ; il paroît, p. 8, desirer lui-même plus de lumiéres, & je vais tâcher de le satisfaire en publiant mes découvertes sur la nature de quelques corps dont je vais traiter.

Quand M. Woltersdorff dit, p. 5, que *Linnæus est le premier qui ait entrepris de donner à la minéralogie la forme d'un système*, c'est un fait qui regarde l'Histoire de l'art, & sur lequel je ne puis être tout-à-fait de son sentiment. Je trouve que plusieurs Auteurs ont tenté la même chose avant lui, *Samuel Kœnig*, *Schenchzer*, *Luid*, l'Auteur des *Tabulæ Metallurgico-Docimasticæ* qui se trouvent à la tête du *Schediasma de Tinctura universali* de *Clander*, imprimé à Nuremberg en 1736, & sur-tout *Bromel* dans sa *Mineralogia secunda* ;

tous ces Auteurs ont beaucoup servi à M. Linnæus , quoiqu'ils n'aient pas jugé à propos de donner leurs fyftêmes en forme de Tables.

De la façon dont il critique, page 6. le fyftême de Linnæus , on croiroit que toutes les objections qu'il lui fait , font de lui ; cependant ce qu'elles contiennent de réel, fe trouve à la page 5 de ma Lithogéognofie. Il eft vrai qu'il ne l'a pas toujours expofé dans tout fon jour : par exemple , à l'endroit cité contre les Pierres que Bromel & Linnæus mettent au nombre de celles qui ne fondent point au feu , j'ai prétendu que non-feulement les Terres & les Pierres vitrifiables pures ne peuvent fe fondre par elles-mêmes, & que par conféquent elles devroient être mifes au rang des Pierres réfractaires , *apyræ* ; mais encore, que toutes les autres Terres & Pierres pures & fimples, argilleufes , calcaires & gypfeufes ne fe fondent pas plus au feu. Ce dernier point a été omis par l'Auteur du fyftême , quoique jufqu'ici on ne m'ait pas convaincu que mon

opinion fût contraire à la vérité.
L'Asbeste est donnée par le même
Auteur, pour une Pierre extrêmement difficile à fondre ; cependant il
s'en faut beaucoup qu'il le soit autant
que le Sable commun, ou toute autre
Terre ou Pierre simple. Il est vrai
qu'il y a de certaines espéces d'Asbeste qui par elles - mêmes ne se fondent pas facilement dans un feu de
charbon ; mais il y en a d'autres qui
ont un commencement de fusion dans
ce même feu : & les espéces d'Asbeste même qui ont naturellement beaucoup de difficulté à se fondre, deviennent plus tendres dans le feu, & y rendent fusibles d'autres corps difficiles
à fondre, lorsqu'on les y a mêlés ;
mais je m'étendrai davantage sur ces
expériences particulieres dans une
autre occasion. Il faut ajouter à ce
que je viens de dire , qu'en se ser-
vant des miroirs ardens de Tschirn-
haus , le feu du Soleil met en fusion
toutes les espéces d'Asbeste beaucoup
plus promptement que les Terres &
les Pierres simples.

Je n'ai jamais sçu qu'avant moi

quelqu'un eût apperçu & indiqué la différence intérieure & très-remarquable qui se trouve entre la Chaux & le Gypse ; cependant notre Auteur dit au sujet de cette même différence, *Qui est-ce qui l'ignore ?* Je regarde aussi comme une faute, d'exclure, comme il fait au même endroit, l'Ardoise du nombre des Pierres calcaires ; car il se trouve beaucoup d'espéces d'Ardoises, qui, comme le prouve l'effervescence qu'elles font avec les Acides, contiennent une portion très - considérable de Terre calcaire. Il est vrai que ces espéces d'Ardoise ne peuvent pas être mises au rang des Pierres calcaires pures, mais bien parmi celles qui sont mélangées.

En publiant ma Lithogéognosie, j'ai passé sous silence plusieurs autres fautes de M. Linnæus qui auroient mérité d'être relevées par M. Woltersdorff. Lorsque, par exemple, M. Linnæus prétend pag. 5, qu'il ne faut regarder que le Sable & l'Argile comme des Terres primitives, c'est un sentiment auquel on ne peut soufcrire, que quand il aura fait voir comment avec ces deux espéces de Terres on peut composer les Pierres calcaires & gypseuses. Cet Auteur soutient au même endroit, qu'il est hors de doute que le Marbre tire son origine de l'Argile ; cependant il ne faut que considérer les propriétés calcaires de cette même Pierre, pour se convaincre qu'elle diffère totalement de ce qu'on appelle Argile dans l'exacte rigueur. A la page 6, il avance que la Terre des Végétaux se change avec le tems en une espéce de Sable ; ce sentiment, loin d'être certain, n'est pas même probable. Il n'est point exact de mettre, comme il fait à la page 9, la Pierre de touche & le *Lapis lazuli* au nombre des Marbres. A la page 10 il range les *Pseudogemmæ* ou Crystaux qui imitent les couleurs des Pierres précieuses, parmi les espéces de Quartz, quoique la plupart d'entr'elles soient des Spaths transparens & colorés. A la page 11, il range le Salpêtre terrestre parmi les minéraux, quoique ce ne soit qu'un Corps composé & arti-

ficiel. A la page 13 , il attribue à
l'Arſenic un goût doucereux & un
principe alcalin ; & à la page 15 ,
il donne la Magnéſie pour une eſpéce de mine de fer , & le Lapis lazuli pour une mine d'or ; tandis que toutes ces choſes , loin d'avoir de la certitude , n'ont pas même de vraiſem-
blance. A la page 16 il donne à un
Sable argilleux , non - calcinable &
mêlangé , le nom de *Terre adamique,*
quoique la plupart des Naturaliſtes
ne donnent ce nom qu'à une Terre
argilleuſe rouge. Il dit au même endroit, d'une Argile blanche comme
de la neige, qu'elle doit être Calcaire;
mais je ne me ſouviens pas d'avoir jamais trouvé , même dans les Argiles les plus blanches , une matiére
calcaire ſenſible, & beaucoup moins
en aſſez grande abondance, pour qu'elle puiſſe faire la plus grande partie
de leur compoſition. A la page 17 il
définit la Marne *une Terre qui eſt or-*
dinairement argilleuſe & endurcie ;
on en trouve pourtant qui loin d'être
dure eſt extrêmement tendre & friable ; & on en voit d'autre qui ne con-

tient aucune partie argilleuse sensible. Il n'est point exact de mettre le *Crayon rouge* & le *Tripoli* parmi les espéces de la Marne, puisque la plupart ne font point effervescence avec les Acides. La Farine fossile & le *lac Lunæ*, sont, selon M. Linnæus, synonimes, & il regarde l'un & l'autre comme des espéces de Marne, quoiqu'il y ait une différence très-sensible. A la page 18, le même Auteur met la Suye au rang des Fossiles parmi la Pierre ponce ; cependant tout le monde sçait qu'ordinairement elle tire son origine du regne végétal. Il seroit peut-être aussi très-difficile de prouver qu'il y a en effet des Pierres ponces pyriteuses, argilleuses & cuivreuses ; car toute vraie Pierre ponce tire son origine de l'Aimanthe, quoiqu'il puisse arriver, qu'accidentellement il s'y mêle quelques matiéres étrangeres. Il ne seroit pas moins difficile de prouver que la Stalactite est formée d'Argile ou de Quartz ; car ses parties essentielles démontrent qu'elle tire son origine de Terres ou Pierres Calcaires, &c.

Mais pour en revenir au systême de M. Woltersdorff, je remarquerai que c'est avec peu de fondement qu'il insinue à la page 7, qu'il a été le premier qui se soit apperçu de la nécessité de ranger les Minéraux selon la ressemblance des parties internes qui les constituent, & que la Chymie seule peut déveloper, & qu'il ne falloit pas s'arrêter à leur figure extérieure. Je me flate que ceux mêmes qui n'auront fait que parcourir ma Lithogéognosie, seront convaincus du contraire, & reconnoîtront que c'est là le principal but de mon travail. Mais il semble ensuite que notre Auteur ait oublié sa prétention ; sans quoi il se seroit apperçu que pour établir un pareil systême, il est nécessaire, non-seulement de distinguer, autant qu'il est possible, les Pierres & les Terres les plus simples d'avec celles qui sont composées, mais encore d'indiquer le mélange de ces dernieres ; car c'est là le moyen de découvrir ce qui proprement a été ajouté à la matiere essentielle du corps simple : cependant M. Woltersdorff néglige ce point même dans les corps dont le mélange est le plus reconnu. J'avois réuni les Terres & les Pierres dans ma Lithogéognosie; notre Auteur les sépare à la page 9; la chose est en effet arbitraire ; mais au lieu de conserver, comme il a fait à l'égard des Pierres, les quatre genres que j'avois établis, il ne distribue les Terres qu'en deux, c'est-à-dire, en argileuses & en alcalines. Cependant il auroit été facile de concevoir *à priori*, que la nature qui a produit les deux autres genres sous la forme de Pierres, pouvoit aussi nous les présenter sous la forme d'une Poussiere ou d'une Terre. Je ne vois aucune raison qui ait pu engager l'Auteur à omettre les Terres vitrifiables, ou qui tiennent de la nature du Caillou ; la nature nous en offre une très-grande quantité : & pour s'en convaincre, on n'a qu'à considérer toutes les espéces de Sable qui sont si nombreuses, & si connues. En effet je ne vois point que ce soit une propriété essentielle, que toutes les Terres forment une espéce de pâte,

quand elles font mêlées avec de l'eau ;
d'autant plus qu'on trouve des efpéces
de Sables, tels que le Sable farineux,
le Sable dont on fait des moûles, &
la Terre en pouffiére, qui font fi dé-
liés, que lorfqu'on les a détrempés
avec de l'eau, on en peut en quelque
façon former une efpéce de pâte. Il
eft vrai que cela fe fait moins facilement avec les efpéces de Sable les
plus groffiéres ; mais le plus ou le
moins ne change pas la nature des
chofes ; & ce n'eft point une qualité
effentielle d'une Terre, que de tomber plus ou moins lentement au fond
de l'eau. La Farine foffile, & quelques efpéces de *Nihilum album mine-
rale* fuffifent pour nous convaincre
que la nature a produit des Terres
gypfeufes. Il y a quelque tems que
l'on m'envoya une efpéce qui avoit
été trouvée au *Hatz*, & à laquelle
on donnoit le nom de *Terre talqueufe
blanche* ; & je ne doute aucunement
que l'on n'en découvre davantage par
la fuite ; car jufqu'ici on n'a pas encore tout examiné ; il n'y a eu que
peu de perfonnes qui aient bien connu

nu ces substances, & qui en aient fait usage. M. Ludewig, par exemple, dans son Traité *de Terris Musæi Dresdensis, page* 8, parle d'une Terre gypseuse d'un blanc bleuâtre; & il nous apprend qu'elle se trouve aux environs d'Eisleben dans les fentes des montagnes de Creisfeld, & que le roc dans les fentes duquel elle est renfermée, est un Gypse feuilleté d'un gris cendré.

Quant à la description des Pierres vitrifiables, je crois devoir faire observer qu'elle n'est point assez exacte; elle semble insinuer que la seule action du feu suffit pour les mettre en fusion & les changer en Verre; cependant la chose n'est point praticable sans addition d'autres matiéres; & si on prétend avoir supposé l'addition des matiéres nécessaires, il se trouvera toujours d'autres espéces de Pierres qui entrent plus aisément en fusion que celles dont il parle, & qui exigent beaucoup moins d'addition pour être mises en fusion. Il faut encore remarquer que les Pierres qui par elles-mêmes sont susceptibles de

C

fe vitrifier, & de fe fondre ne fourniſ-
ſent ordinairement qu'un Verre qui
n'eſt point tranſparent. Sur la page
** je remarque, qu'outre les *Fluors*
ou Cryſtaux de Spath colorés &
les Pierres ponces qui ne laiſſent pas
de fe vitrifier, quoiqu'on n'en tire
point d'étincelles dans leur état naturel, quand on les frape avec l'acier;
je remarque, dis-je, qu'il y a encore
pluſieurs autres Pierres qui ont la
même propriété. Pluſieurs eſpéces
d'Ardoiſe, d'Argile, d'Alun de
plume, & d'autres Pierres dont j'ai
parlé en différens endroits de ma Lithogéognoſie font de ce nombre. La
propriété de faire feu avec l'Acier ne
dépend en général que de l'étroite
union, de la cohéſion & de la dureté
des parties qui compoſent les Pierres ; qualités qui y font dans un plus
haut degré que dans les parties inflammables qui font contenues dans
l'Acier. Aînſi, lorſque je fais fondre
trois parties de Spath fuſible avec
une partie de Sel alcali, j'obtiens
une maſſe de Verre qui eſt aſſez dure
pour faire feu & donner des étincel-

les lorsqu'on vient à la fraper avec de l'Acier. L'Argile blanche mêlée dans une juste proportion avec de la Craye, & fondue avec elle à un feu convenable, forme une espéce de Verre dont l'effet est beaucoup plus fort que celui de la premiere masse; & cependant ni l'un ni l'autre des in-grédiens ne faisoit feu séparément. Si l'on peut s'en rapporter à ce que dit Kolbe dans sa description du Cap de bonne Espérance, les os du lion produisent le même effet. Je souhai-terois que l'on fût plus assuré de la vérité de ce phénoméne, qui me pa-roît très-douteux.

Sur l'énumération des espéces de Terres argileuses que l'Auteur fait à la page 11, je remarquerai que les plus simples ne sont pas suffisamment séparées & distinguées de celles qui sont composées. J'observerai ensuite que l'espéce d'Argile que l'on appel-le *Terre à Tuile*, & dont on fait la Brique & les Tuiles, a été entiére-ment omise, quoiqu'elle soit des plus communes, & que nécessairement elle doive être distinguée de la Glaise or-

Argile.

C ij

dinaire ; car cette Terre à Tuiles eſt
une Argile rouge entremêlée de
beaucoup de Sable , & d'une Marne
ou d'une Terre calcaire qui contient
beaucoup de Terre ferrugineuſe ; &
elle ſe diſtingue de la Terre glaiſe
ordinaire , en ce qu'elle contient une
portion beaucoup plus grande de
Terre argileuſe , & que par conſéquent elle acquiert dans le feu un
degré de dureté beaucoup plus grand
qu'elle. On auroit encore pu remarquer que la plupart des Argiles ordinaires contiennent , ainſi que les Argiles colorées , dont ſe ſervent les
Potiers & les Ouvriers qui font la
Faïance , une Terre alcaline ou
marneuſe , & que par conſéquent elles ont la propriété de faire efferveſcence avec les Acides. On auroit
auſſi dû faire obſerver que toutes les
Argiles auxquelles la calcination
donne une couleur rouge ou jaune,
contiennent un principe ferrugineux
qui eſt tantôt plus , tantôt moins ſubtil. On ne peut pas nier non plus que
les Argiles ordinaires ne contiennent
du Sable ; car il eſt aiſé de s'en con-

vaincre par le moyen du lavage : tout ce que l'on peut dire à cet égard, c'est qu'ordinairement elles n'en contiennent que fort peu. Il y a encore plusieurs espéces de *Sinter* *, de *Guhr* & d'autres Terres argileuses semblables qui auroient mérité de trouver place dans cette énumération.

C'est ici le lieu d'examiner la question générale de l'origine de l'Argile ; & si elle est une Terre simple ou composée. En proposant cette question , je ne prétens parler que d'une Argile blanche très-pure ; car la question ne seroit point douteuse , s'il s'agissoit de celle qui est colorée. M. de Buffon , dans son *Histoire naturelle* , semble éluder la difficulté , en prétendant que l'Argile n'est qu'une Terre décomposée par l'action de l'air, &, pour ainsi dire, pourrie, ou

---

* Ce que les Allemans nomment *Sinter* est une matiére fluide qui suinte ou se filtre au travers des Tertes & des Pierres , & qui se condense & prend de la consistance dans les fentes , lorsqu'elle est exposée à l'action de l'air ; cette matiére annonce pour l'ordinaire le voisinage des filans & des Minéraux métalliques.

une Scorie de Verre diſſoute & dé-
compoſée. Il y a encore bien des peines à prendre & des recherches à faire, avant que de pouvoir prouver d'u-
ne maniere démonſtrative, & par des
expériences certaines, qu'une matiére vitrifiée peut être changée en Argile, & que de pouvoir indiquer,
de quelle façon les Terres qui tiennent de la nature des Cailloux, acquiérent la propriété de ſe lier & de
ſe durcir au feu; & par quelle raiſon
la Terre calcaire & l'Argile ſe fondent enſemble au feu, quand elles
ſont expoſées ſeules à ſon action; au
lieu qu'elles ne ſont pas la même
choſe, quand elles ont été mêlées
avec du Sable ou des Cailloux. Il n'eſt
point difficile de s'aſſurer que l'Argile, quelque ſoin qu'on ait pris pour
la rendre pure par le lavage, conſerve toujours des parties qui différent beaucoup entr'elles : on y trouve d'abord des particules graſſes très-
ſubtiles qu'on peut regarder comme
la cauſe de ſa viſcoſité, propriété
qu'elle perd par la calcination ; en
effet, quand elle a été une fois cal-

tinée, elle ne redevient jamais visqueuse, quand même on la rédui-
roit en une poudre aussi déliée qu'on
peut l'imaginer. D'ailleurs on peut
composer en quelque façon une espéce d'Argile artificielle, en détrem-
pant les Terres qu'on appelle *maigres* ou *en poussiere* dans de l'eau de
Gomme, de Miel, de Sucre, ou
dans des Huiles cuites, &c. par où
l'on voit clairement qu'il entre dans
l'Argile une petite portion d'un
principe inflammable, si subtil, qu'il
ne laisse point de Charbon après lui.
Un autre phénoméne, c'est qu'en
faisant fondre une partie d'Argile
avec deux parties de *Minium*, cette
matiére grasse suffit pour réduire une
portion de Plomb assez considérable.
Peut-être y a-t-il encore d'autres maniéres d'extraire ce principe onctueux ; quoi qu'il en soit, il est détruit par tous les corrosifs violens, tels
que sont l'Esprit de Nitre concentré,
l'Huile de Vitriol, &c. Ces dissol-
vans enlévent à l'Argile toute son
onctuosité. Indépendamment du principe onctueux dont je viens de par-

ler, il faut encore que l'Argile pure contienne des particules terreſtres dont la nature eſt très-différente. M. *Hellot* eſt le premier qui ait fait cette obſervation : ayant employé de l'Argile pour interméde dans la diſtillation de l'Huile de Vitriol , il trouva que le diſſolvant avoit détruit dans cette opération la Terre glutineuſe , de façon que l'Argile qui reſta ne fut plus en état de prendre corps ni de ſe durcir : ce même réſidu bouilli dans de l'eau que j'ai fait filtrer & évaporer , m'a donné un Sel alumineux. Si je précipite la Terre contenue dans cette ſolution par le moyen d'un Alcali , & que je l'édulcore , j'obtiens une Terre alcaline. Il eſt donc évident que dans le cas dont il s'agit , l'Acide vitriolique n'a extrait de l'Argile qu'une partie médiocre , qui , ſi elle n'étoit pas alcaline auparavant , l'eſt du moins devenue dans l'opération. Si toutes les parties de l'Argile ſont homogênes , pourquoi l'Huile de Vitriol , quelque quantité qu'on en mette , ne peut-elle pas diſſoudre le reſte de l'Argile? Boyle a déja remarqué à la page 90 de son Traité *de Principiis Chymicis*, que les fragmens de pipes frotés les uns contre les autres, jettent souvent une lumiere accompagnée d'une odeur un peu fulphureufe; mais j'ai indiqué déja dans un autre endroit la maniére fuivante, felon laquelle on peut répéter cette expérience phofphorique avec un fuccès toujours certain. Il faut calciner à grand feu de l'Argile blanche & pure; la réduire en petits morceaux de la groffeur de grains de Lentilles, & broyer enfuite bien exactement ces grains dansun mortier de verre avec un pilon de même matiere : en faifant cette opération dans un endroit obfcur, on obfervera une quantité de parties lumineufes.

Voici le lieu de me juftifier d'une contradiction apparente dont M. Ludewig m'accufe dans fon excellente *Defcription des Terres du Cabinet de Drefde* p. 53. Lorfque j'ai dit que l'Argile pure ne fe vitrifioit point par elle-même, comme les creufets le prouvent, j'ai parlé de l'Argile blanche, & non de l'Argile ordinaire des Potiers ; d'un autre côté quand M. Cramer dit à *la page* 31 *de sa Docimasie*, que les Bols & les Terres sigillées entrent enfin en fusion à un grand feu, & se changent en un Verre opaque, dont la couleur est brune ou verdâtre ; il est à remarquer qu'il a en vue les Argiles colorées qui contiennent des Terres ferrugineuses ou même crétacées.

Lac lunæ.   Je trouve dans le même Ouvrage une autre erreur dont je ne puis me dispenser de parler ; Le *Lac lunæ*, le *Nihil album nativum* & la *Farine fossile* y sont pris pour des noms synonimes d'une même substance, & on les met au rang des Argiles. Cependant ce sont trois substances très-différentes entr'elles. Ce que l'on entend par *Lac lunæ*, par *Agaricus mineralis*, (dénominations qui sont toutes les deux assez bizarres ; & ce que l'on vend ici chez la plupart des Apothicaires sous ce nom, n'est rien moins qu'une espéce d'Argile. Comme cette substance ne se durcit point au feu, elle doit plutôt être regardée

comme une Terre fort légere , alcaline ou calcaire ; auffi fait-elle une
effervefcence confidérable avec les
Acides ; & Gefner qui en a le premier fait mention , regarde avec raifon , fon effervefcence comme une
propriété qui lui eft effentielle. M.
Brukmann lui attribue cette même
propriété à la page 45 de la deuxié-
me Partie de fon Traité qui a pour
titre : *Magnalia Dei in locis fubterra-
neis.* Comme cette Terre s'amaffe
dans les fentes des rochers , on pourroit fort bien lui donner le nom *de
moëlle de Pierre calcaire* , pour la diftinguer d'avec le *Medulla Saxorum,*
ou Moëlle de Pierre ordinaire qui eft
argileufe. Si on les confidére par
d'autres qualités , je trouve qu'elles
différent encore par le plus & par le
moins. On dit , par exemple , que ce
Foffile eft très-léger , fpongieux , &
qu'il nage fur l'eau ; cependant il s'en
trouve des efpéces qui font plus pe-
fantes. On dit auffi qu'il eft d'un blanc
très-clair ; il s'en trouve pourtant
dont la couleur tire un peu fur le jaune. On veut qu'il fe diffolve entiére-

ment dans les Acides ; cependant on en connoît des espéces qui contiennent une portion assez considérable de Terres qui ne s'y dissolvent point, parcequ'elles sont entremêlées de particules martiales & hétérogênes. Quelques-uns prétendent, mais sans fondement, que les pipes que l'on dit être faites d'*Ecume de mer*, sont de cette Terre. Ce qu'il y à de certain, c'est que la plupart des Auteurs ont manqué d'exactitude en parlant de ce Fossile. Scheuchzer dit, par exemple, que le *Lac lunæ* est une espéce de *Marne pierreuse* ou de *Moëlle de Pierre*, quoique ces deux substances soient très-différentes ; la derniere est ordinairement une espéce d'Argile ; car les Acides n'agissent point dessus, & elle se durcit au feu où sa couleur devient en même-tems d'un rouge plus obscur. M. Cramer confond aussi le *Lac lunæ* avec la Moëlle de Pierre, à la *page* 47 *de sa Docimasie* ; & Kœnig croit que le Lait de Lune & le *Nihilum album* sont des corps de la même espéce. La Minéralogie de M. *Wallerius* qui

vient de paroître nouvellement, &
qui d'ailleurs est faite avec tant d'exactitude & de soins, ne met toutefois aucune différence entre le *Lac lunæ* & la Farine fossile, quoiqu'ordinairement cette différence soit très-sensible. On ne peut point s'en rapporter aux Apothicaires & aux Droguistes sur ces sortes de choses. Il y a quelques années qu'on m'envoya d'une Apothicairerie fameuse sous le nom de *Lac lunæ* une substance gypseuse qui ne fit point d'effervescence avec les Acides, mais qui devint friable au feu, qui pouvoit être employée dans les couleurs rouges de Laque & qui étoit encore plus propre que la Craye ordinaire à entrer dans la composition de la Cire d'Espagne. Cependant il est certain que cette substance ne pouvoit point être mise au rang des Argiles. Pour ce qui est du *Nihilum album*, on en trouve de deux espéces. Il faut que je donne le nom de *Nihilum album verum* à la premiere espéce, qui n'est autre chose que les fleurs du Zinc. Les caractères qui distinguent ces fleurs le plus

promptement, c'eſt, de jaunir, lorſqu'on les met ſur des Charbons ardens ; de ſe diſſoudre dans les Acides;
de ſe réduire en Zinc, avec la pouſſiére de Charbon, & de changer
le Cuivre de roſette en leton, lorſqu'elles ſont mêlées avec la même
pouſſiére & avec du Cuivre de roſette. On donne ordinairement le nom
de *Nihilum album nativum* ou *foſſile* à
la ſeconde eſpéce ; mais on devroit
plutôt l'appeller *Spurium*, ſuppoſé ;
car on ne peut l'employer ni en
Chirurgie ni en Médecine avec les
mêmes avantages que le véritable. On
le confond encore très-mal à propos
même avec la Farine foſſile. Il eſt
certain que ni l'une ni l'autre de ces
ſubſtances ne ſe durcit au feu, & que
par conſéquent elles ne peuvent point
être regardées comme des eſpéces
d'Argile ; elles ne font pas non plus
d'efferveſcence avec les Acides, &
par conſéquent on n'a aucune raiſon
de les mettre au rang des Terres calcaires ou alcalines ; il faut donc plutôt les regarder comme des Terres
gypſeuſes. La plupart des Auteurs

ont manqué d'exactitude fur le même
objet. Schroeck, par exemple, nous
donne dans les Ephemer. *Nat. Curiof.*
Dec. III. n. VIII. p. 350, la Farine
foffile pour un Lait de Lune ; Buttner la regarde dans fes *Rudera Dilu-*
vii, à la page 141, comme une efpéce de Gypfe ou de Marne très-
déliée. Wedel croit qu'elle tire fon
origine du Bol ou de la Marne blanche. Wallerius prétend que c'eft une
Stalactite que l'action de l'air a réduite en poudre ; d'autres la regardent comme une Argile entremêlée
de Gypfe ; & c'eft ainfi que faute
d'examen, les uns ont toujours fuivi
& copié les autres. Il me paroît à moi
fort douteux que le *Nihilum album*
nativum des Apothicaireries foit toujours une véritable Farine foffile,
quoique d'ailleurs les effets de l'un
foient quelquefois femblables aux effets de l'autre. Car c'eft avec beaucoup de raifon que M. Henckel,
page 581 de fa Pyritologie, croit,
» que le Nihilum *qu'on vend dans les*
» *Boutiques, eft une Terre fubtile,*
» *blanche & foffile, ou une Marne*

» *foſſile calcaire;& que les Apothicaires*
» *de la Souabe, en brulant le Spath,*
» *en font une eſpéce de Chaux, qu'ils*
» *débitent ſous le nom de* Nihilum al-
» bum. »

Mais ce grand Minéralogiſte n'a
pas toujours diſtingué aſſez exactement la Chaux d'avec le Gypſe ; je
ſçais, par une longue expérience,
que le *Nihilum album nativum*, qui ſe
vend chez nos Apothicaires & chez
nos Droguiſtes, ne fait point d'efferveſcence avec les Acides, & qu'on
doit par conſéquent le mettre plutôt
au rang des Gypſes que des Terres
calcaires. On peut voir par-là, quel
ſeroit l'effet de cette eſpéce de Gypſe,
ſi dans les maladies des yeux, &
dans les expériences phyſiques, on
le ſubſtituoit au vrai *Nihilum album.*
Au reſte, il peut fort bien ſe faire
qu'en d'autres endroits on donne le
nom de *Nihilum album* à une Terre
calcaire ; & M. Bruckmann, qui,
dans ſa III. *Lettre itinéraire*, emploie les noms de *Lait de Lune*, &
de *Nihilum album*, comme des ſyno-
nimes, nous apprend que la Terre

calcaire, fur-tout celle qui fe tire en Hongrie de la *Caverne des Dragons*, fe débite dans toutes les Apothicaireries des environs fous le nom de *Nihilum album*. Il eft vrai qu'on m'a envoyé des échantillons de cette efpéce de Terre, en petits globules, femblables à des *hammites*, & que je l'ai reconnue calcaire, à l'effervefcence qu'elle faifoit avec les Acides. Mais tout cela ne prouve rien, finon, que dans quelques endroits on débite une matiére gypfeufe pour du *Nihilum album*, & que dans d'autres, on trompe le monde avec une matiére calcaire. Il n'eft pas plus exact de mettre la Farine foffile, dont M. Bruckmann parle dans *fa XV. Lettre itinéraire*, au nombre des Terres argileufes, car elle ne fe durcit point au feu ; cependant elle n'eft point non plus une Terre calcaire ; car elle ne fait point d'effervefcence avec les Acides, c'eft plutôt une efpéce de Terre gypfeufe ; du moins les expériences que j'ai faites fur la Farine foffile qui a été trouvée en 1709 à Remlingen, village fitué près de Hall en Saxe, m'en ont convaincu. Ce n'est donc point s'exprimer exactement, que de dire, avec M. Henkel, que c'est une Marne. Ce n'est pas avec plus de fondement que M. Ludewig la regarde *comme une Terre bolaire, farineuse, dont on peut se servir intérieurement sans danger*. Il est clair, par la nature de la chose, qu'une Terre gypseuse de cette espéce, prise en une certaine quantité, doit nécessairement être nuisible à la santé ; & pour juger de la cause par les effets, il suffit de sçavoir que Beckmann rapporte à la page 69 de son *Histoire d'Anhalt*, qu'il est mort beaucoup de personnes pour avoir mangé de la Farine fossile de Walckenried. Quand il seroit constant que la Farine fossile n'est pas toujours de la même nature, & que quelquefois elle tient plutôt de celle de la Chaux que de celle du Gypse, il n'en seroit pas moins vrai qu'elle devroit être pernicieuse, si on s'avisoit de la mêler avec la pâte du pain, ou de l'employer dans les autres alimens.

C'est encore sans fondement que l'Auteur du *Systême du Régne minéral* met les Terres colorées dans la claſſe des Argiles ; il n'y en a preſque pas une ſeule qui contienne une portion d'Argile aſſez perceptible, loin qu'elle en faſſe la partie la plus conſidérable ; par exemple, la Couleur jaune, que chez nous on appelle *Scuttgelb*, dont il y a des eſpéces plus claires & d'autres plus foncées, n'eſt point du tout du nombre des productions du Régne minéral ; l'une & l'autre eſpéce n'eſt qu'une compoſition artificielle, & ne contient pas la moindre portion d'une Terre argileuſe ; elles ne s'endurciſſent point dans le feu ; mais elles font une efferveſcence conſidérable avec les Acides, & dénotent par-là que la Terre qui leur fert de baſe, eſt alcaline ; auſſi prépare-t-on ces Couleurs en imbibant, juſqu'à ſaturation, de la Terre d'Alun, de la Chaux vive, ou des Coquilles d'huîtres calcinées, avec la décoction jaune des feuilles les plus tendres, ou de l'écorce du Bouleau, ou des feuilles de Tilleul, ou des grains d'Avignon, ou des bayes de la *Spina infectoria*. L'examen de ces couleurs par le feu confirme encore tout ce que je viens de dire; car en les calcinant, on leur fait perdre cette couleur qui est végétale, & on s'apperçoit sur le champ qu'il y a quelque chose qui devient noir & se réduit en charbon; mais si on augmente le feu, cette partie se consume entiérement, au point qu'il ne reste qu'une Terre blanche & pure, qui fait une effervescence avec tous les Acides, comme auparavant.

Ochre natif.   C'est aussi mal à propos que l'on a mis *l'Ochre natif* au même rang; car on ne peut démontrer qu'il contienne une Terre argileuse. On en trouve de tant de couleurs, que ses différentes espéces passent par toutes les nuances depuis le jaune le plus clair, jusqu'au rouge brun le plus foncé: il est toujours doux au toucher; mais il est tantôt plus friable, & tantôt plus compacte. Souvent il est évident que l'Ochre n'est autre chose qu'une Terre ferrugi-

neufe ou un *Crocus*, qui, après avoir
été diffoute par un Acide, a été enfuite entraîné par l'eau. Tel eft celui
qu'on trouve dans les fources d'eaux
minérales qui font d'une nature ferrugineufe ; tel eft auffi celui que les
eaux entraînent, lorfqu'elles viennent à paffer fur des mines de fer &
fur des pyrites fulfureufes. Celui qui
fe trouve dans les Pierres d'Aigle,
fe préfente fous la forme d'une Terre.
Par le moyen du lavage, on peut
auffi le féparer de plufieurs efpéces
de Sables jaunes ou colorés. Lorfque
cette Terre martiale a été mife en
diffolution par les Acides minéraux,
fi cette diffolution vient enfuite à
être délayée par l'eau commune,
l'Ochre fe précipite facilement de
lui-même ; & fi pour lors il rencontre une Terre alcaline, il n'eft
pas douteux qu'elle abforbera très-
promptement l'Acide, ce qui doit
accélérer la précipitation ; de cette
façon, il pourroit arriver que la précipitation venant à fe faire fur une
Terre argileufe ou marneufe, l'Ochre
fe mêlât avec elle. Quoique j'aie

examiné plusieurs espéces d'Ochres,
je n'en ai pourtant point trouvé qui
fît effervescence avec les Acides ; d'où
je conclus, ou qu'elle ne contient
aucune portion de Terre alcaline,
ou que sa nature a été tout-à-fait
altérée ou renversée par les Acides.
L'Ochre ne contient point d'Argile,
au moins je n'en ai pu découvrir
dans celles que j'ai eu occasion d'examiner ; au lieu de se durcir d'une
maniére sensible dans le feu, elles
y sont devenues plus friables ; mais
toutes les espéces d'Ochres ont la
propriété de devenir plus rouges dans
le feu ; & le dégré de rougeur augmente, & devient d'un brun foncé,
à mesure qu'on augmente les dégrés
du feu. On en trouve qui sont d'un
jaune pâle ; mais le feu les rend d'un
jaune très-vif & très-beau. Wolck-
mann met aussi les Ochres au rang
des Terres argileuses ; d'autres les
placent dans la classe des Sables ;
mais l'un de ces sentimens n'est pas
plus fondé que l'autre.

La couleur rouge que le feu donne
à l'Ochre, la maniére dont on le

réduit en Fer, en y joignant des matiéres grasses ou charbonneuses, & la
couleur jaune que l'on en tire, par
le moyen de l'Esprit de Sel & par
l'Eau régale, prouvent assez qu'il
contient une Terre ferrugineuse subtile. Cependant il pourroit arriver
qu'il y eût des Eaux vitrioliques qui
continssent aussi des particules cuivreuses, & qui par conséquent, fis-
sent entrer une certaine portion de
Crocus cuivreux dans la composition de l'Ochre ; on prétend que
l'Ochre de Goslar est de cette espéce, & qu'on en peut tirer un peu
de Cuivre par le moyen de l'huile
de Lin : quoi qu'il en soit, il est toujours constant que c'est la Terre ferrugineuse qui y domine, & c'est
même par cette raison, que lorsqu'on l'expose à une action très-vio-
lente du feu, il s'en fait une masse
d'un brun tirant sur le noir, qui
ressemble à une scorie de Fer, & qui
donne même quelques étincelles,
lorsqu'on la frape avec le briquet.

Je ne crois pas m'éloigner beaucoup de mon sujet, si, à propos de

Terre jaune
de Naples.

l'Ochre, je dis quelque chose d'une autre couleur jaune, dont les Peintres se servent, qui est fort en vogue aujourd'hui, & qu'on connoît sous le nom de *Terre jaune de Naples*. Je ne regarde point cette couleur comme naturelle, & telle qu'elle sort du sein de la Terre ; je croirois plutôt que c'est une production de l'Art, ou qu'au moins on lui a déja fait éprouver l'action du feu ; ce qui me le fait conjecturer, c'est la grande avidité avec laquelle cette Terre absorbe toutes les liqueurs. Elle ne fait point d'effervescence avec les Acides. Si, quand elle a été broyée & imbibée d'eau, on en fait une espéce de pâte, & qu'on la mette dans le feu, ellé se durcit assez pour qu'on puisse soupçonner, qu'elle contient une certaine portion de Terre argileuse : le feu le plus vif ne peut ni l'altérer, ni la mettre en fusion. Il est remarquable que, dans les vaisseaux fermés, sa couleur jaune ne change aucunement, quand même on donneroit le feu le plus violent. *Les Corrosifs grossiers* ne sont pas plus capables

capables de détruire cette couleur ; cependant l'Eau régale en diſſout quelque choſe, & la petite portion qui en a été diſſoute forme de petits criſtaux pointus : ſi on met la ſolution dans un lieu frais, elle peut auſſi être précipitée par le Sel alcali : enfin, ſi on fait fondre cette Terre avec de la fritte de Cryſtal, il n'en eſt point coloré, excepté que le Verre tire un peu ſur le blanc de lait, de ſorte que cette Terre ſemble avoir beaucoup de reſſemblance avec la Chaux d'Étain.

Il eſt encore à propos que je diſe ici un mot d'une autre couleur jaune dont les Peintres ſe ſervent auſſi, & qu'ils appellent *Maſſicot* ; elle a toute l'apparence d'une Terre ; elle eſt aſſez peſante, & ſa couleur eſt d'un jaune de citron fort agréable à la vue ; malgré ſa reſſemblance extérieure avec les Terres, on trouve à l'examen, que c'eſt une production de l'Art, & non de la Nature. En effet, le Maſſicot n'eſt autre choſe qu'une eſpéce de Céruſe ou une Chaux de Plomb jaune ; ſi on la met en digeſ-

Maſſicot.

D

tion d ns du Vinaigre diftillé , cette liqueur prend un goût femblable à celui du Sucre de Saturne que tout le monde connoît ; avec le tems , le Vinaigre lui enleve fa couleur jaune , de forte qu'à la fin il ne refte plus qu'un fédiment entiérement blanc. Si on précipite la folution avec de l'efprit de Sel , on trouve que ce qui tombe au fond eft un vrai Plomb corné ; fi on fait fondre cette matiére fans addition , elle fe change en un Verre de plomb jaune ; il n'y a donc pas à douter qu'elle ne foit une Cérufe que l'on a fait jaunir en l'expofant à feu ouvert. J'ai cru cette obfervation d'autant plus intéreffante , que jufqu'ici je n'ai pas trouvé qu'aucun Autéur en eût parlé. Cependant il faut prendre garde de ne point confondre cette matiére avec une autre matiére , à laquelle Kunckel donne auffi le nom de Mafficot , *dans fon Art de la Verrerie , Partie II.* Cette derniére eft un mêlange de Sable & de Soude , ou de Potaffe qu'on fait calciner ; on s'en fert pour la couverte de la Faïence.

Je ne fçais point à quel titre notre Auteur met encore au rang des Terres argileufes *la Terre d'Ombre*, que l'on appelle auffi *Craye d'Ombrie*. On en trouve trois efpéces dans ce pays-ci ; la premiére eft groffiére ; la feconde eft plus déliée, on prétend qu'elle vient d'Angleterre ; & la troifiéme s'appelle *Terre de Cologne*. Celle qui eft la plus déliée fe durcit ordinairement un peu dans le feu ; par conféquent il peut bien fe faire qu'elle contienne une petite portion d'Argile. Elle ne fait aucune effervefcence avec l'Eau-forte. Il eft donc évident qu'elle ne contient rien de calcaire, & il paroît plutôt qu'elle eft mêlée avec une certaine quantité de Terre ferrugineufe décompofée, & un peu de la Terre des Charbons foffiles. Il eft vrai que l'Aiman ne l'attire point telle qu'elle eft ; mais on lui enleve fa couleur jaune ferrugineufe, par le moyen de l'efprit de Sel ou de l'Eau régale ; & fi on la fait rougir enfuite dans un creufet fermé, avec quelque matiére graffe, l'Aiman ne l'aiffera pas que

Terre d'Ombre.

D ij

d'en attirer une petite portion. A un feu violent, cette même Terre se fond par elle-même, & se change en une scorie noire & compacte : quand on en mêle avec de la fritte de Verre ou de Crystal que l'on veut vitrifier, elle prend une couleur verte. On peut s'assurer encore, par la couleur foncée de cette Terre, qu'elle est mêlée d'une substance charbonneuse, aussi-bien que par la fumée suffocante qui en part, lorsqu'on la fait calciner pour être employée dans les Emaux, ou pour colorer des peaux.

Terre de Cologne. La Terre de Cologne, qui est d'une couleur plus foncée que la précédente, ne fait pareillement aucune effervescence avec l'Eau-forte, & ne semble contenir rien d'argileux : elle ne se durcit ni dans un feu modéré, ni dans un feu violent, & demeure toujours friable. Le feu la rougit à l'extérieur ; mais elle reste noire intérieurement. M. Wallerius, dans sa *Minéralogie*, met cette Terre au rang des Terreaux ou Terres de jardins, dont la couleur est d'un brun qui tire sur le noir ; mais je suis étonné de ce qu'il ajoute, sçavoir, que dans un grand feu elle devient blanche. Dans l'expérience que j'en ai faite, l'action d'un feu violent l'a changée en une masse noirâtre qui tiroit sur le brun, & qui étoit encore friable à un certain point. On prétend que, lorsqu'on emploie la Terre de Cologne dans la teinture, sa couleur se passe plus vîte que celle de la précédente. Il y a encore plusieurs autres Terres ferrugineuses, dont on fait des préparations par le lavage & la calcination : en Saxe & ailleurs elles sont de la même espéce.

C'est aussi sans fondement que l'on met au nombre des Terres argileuses, la Terre rouge d'Angleterre ; car, loin de se durcir au feu, elle y devient plus friable, prend une couleur brune qui tire sur le rouge, & ne fait point d'effervescence avec les Acides. C'est une substance ferrugineuse, ou une espéce d'Ochre. On s'en sert pour polir des Verres, des Miroirs, &c. mais afin de rendre cette Terre propre à cet usage, il

Terre rouge d'Angleterre.

D iij

faut avoir grand soin de la bien laver, pour en séparer tout le sable qu'elle contient.

Beauté. La Terre rouge d'Angleterre que l'on appelle *Beauté*, approche aſſez de la nature de celle dont je viens de parler. Elle eſt d'un très-grand uſage dans les Manufactures de Glaces ; on s'en ſert pour polir les miroirs & les carreaux de vîtres. Si après l'avoir épurée par le lavage on en fait une pâte, elle ne ſe durcit point dans un feu médiocre, elle y devient plutôt friable ; mais quand on l'expoſe à l'action du feu telle qu'elle eſt naturellement, elle ſemble ſe durcir un peu ; cependant elle conſerve toujours ſa couleur qui eſt d'un brun rouge après l'avoir broyée avec de l'Huile de lin : ſi on la fait rougir dans un vaiſſeau fermé, l'Aiman l'attire en grande partie ; au grand feu, elle fond ſans addition, & y devient une ſcorie de fer noire & ſpongieuſe. L'Eau régale en extrait auſſi la couleur jaune. On prépare une Terre ſemblable en Saxe, & on lui donne pareillement le nom de *Beauté* : la simple vûe suffit pour connoître que ce n'est autre chose qu'une Pierre martiale d'un tissu extrêmement tendre.

Nos Droguistes vendent encore une Terre sous le nom de *Rouge de Rome*. A un grand feu cette Terre se change en une scorie ferrugineuse, noire, & si compacte, que lorsqu'on la frape avec de l'Acier, elle donne des étincelles.

Ce n'est pas avec plus de raison que l'on met le Bleu de Montagne, & le Verd de Montagne, au rang des Terres argileuses. Boot a déja remarqué que le vrai Bleu de Montagne se prépare avec le *Lapis Armenius*. Cette Pierre ayant toujours une base calcaire, elle fait effervescence avec les Acides, & c'est à cette marque qu'on peut la distinguer le plus promptement & le plus surement d'avec le *Lapis Lazuli*. Elle doit sa couleur bleue à une solution de Cuivre dont elle a été pénétrée. Quand, après l'avoir réduite en poudre, on en sépare, par le moyen du lavage, la Terre calcaire surabon-

Bleu & Verd deMontagne.

dante, qui eſt un peu plus légere
que le reſte de la maſſe, la couleur
ne laiſſe pas de reſter toujours mêlée
avec un peu de Terre calcaire, & on
en ſépare la couleur la plus claire
d'avec celle qui eſt la plus foncée,
par des lavages réitérés. Le Verd de
Montagne, qui vient, dit-on, de la
Hongrie, ſe tire, comme le Bleu,
des Mines de Cuivre, & s'y forme
preſque de la même façon. Comme
ces deux couleurs conſervent une certaine portion de Terre calcaire, elles
font toujours efferveſcence avec les
Acides: loin de ſe durcir au feu, elles
y deviennent plus friables; mais elles
y perdent en même tems leur premiere couleur; le Bleu ſe change en
noir, & le Verd en une couleur de
cendre, & même quelquefois en un
brun noirâtre. Après avoir éprouvé
l'action du feu, leur efferveſcence
avec les Acides eſt moins ſenſible. Je
n'ignore point qu'il y a des gens qui
contrefont l'une & l'autre de ces couleurs par art, & qui les vendent pour
naturelles. Les matieres dont on ſe
ſert pour imiter le Bleu, ſont des

folutions de Cuivre & de la Chaux
vive. La meilleure maniére d'eſſayer
ſi cette couleur eſt artificielle, c'eſt
d'obſerver ſi ſon efferveſcence avec
l'Eau-forte eſt très-prompte & très-
rapide : alors on peut conclure qu'il
eſt entré de la Chaux vive dans ſa
compoſition ; car dans la couleur,
telle qu'elle ſort des mains de la Nature, cette efferveſcence ſe fait beaucoup plus lentement & plus foiblement. J'ai même trouvé une eſpéce
de Verd de Montagne, qui ne fait
aucune efferveſcence avec les Acides,
& qui ſe durcit au feu à un certain
point.

Ce que je viens de rapporter me
conduit à l'examen de la *Terre verte*
des Peintres. Qui ne croiroit d'abord
qu'elle eſt du nombre des Terres qui
ont reçu leur couleur verte d'une ſolution de Cuivre dont elles ont été
imbibées ? Auſſi M. Wallerius la re-
garde-t-il comme du Verd de Montagne décompoſé ; mais ce ſentiment
ne s'accorde point avec l'expérience,
qui eſt le meilleur guide en toutes
choſes. En effet, en examinant cette

D v

matiére avec tout le soin possible, on n'y découvre rien de cuivreux : l'Esprit urineux lui-même, qui est si propre à dévéloper promptement le Cuivre, lorsqu'il est caché, ne devient point bleu lorsqu'on en verse dessus. Il est vrai qu'il y a plusieurs espéces de cette même Terre ; mais, comme elles font toutes effervescence avec les Acides, on a lieu de croire qu'il est entré de la Terre calcaire dans leur composition. Lorsqu'on les expose à un feu, même médiocre, elles changent leur couleur verte en un brun rouge, & s'y durcissent d'une façon sensible ; de sorte qu'outre la Terre ferrugineuse & calcaire, elles semblent encore contenir une certaine portion de Terre argileuse. Après avoir été calcinées, elles ne font plus tant d'effervescence avec les Acides qu'auparavant. Cependant si on les met en digestion avec l'Esprit de Sel, ce dissolvant les attaque avec assez de force, les dissout, & se charge d'une couleur jaune & ferrugineuse ; & quand même on verseroit l'Esprit de Sel sur cette Terre, sans l'avoir fait calciner, il ne laifferoit pas d'en extraire la couleur jaune. Si on précipite cette folution par le moyen d'un Alcali volatil, il tombe au fond un fédiment d'un blanc jaunâtre, qui ne conferve pas le moindre atome de bleu dans un feu très-violent. Toutes ces Terres fe fondent fans addition, & fe changent en une fcorie noire & fpongieufe. Henckel parle dans fon Traité *De Appropriatione*, p. 126, d'une Terre de cette efpéce : elle fe trouve près de Schneeberg : quoiqu'elle foit d'un bleu d'azur, elle ne laiffe pas d'être ferrugineufe. Il y a encore une autre Terre bleue qui fe trouve dans les environs de Gera, qui devient rouge par la calcination : un feu violent la change, fans addition, en une fcorie ferrugineufe. Elle fait effervefcence avec tous les Acides ; mais aucun d'entr'eux, pas même les Efprits urineux, n'y découvrent le moindre veftige d'une fubftance cuivreufe.

Le Tripoli, ou la Terre de Tripoli, a pris fon nom de la ville de Barbarie, aux environs de laquelle

Tripoli.

D vj

on la tiroit autrefois. M. Ludewig
observe qu'elle se trouve toujours par
couches. Les sentimens des Auteurs
sont encore très-partagés sur la Terre
qui en fait la base. Cramer la met,
page 34 de sa Docimasie, au nombre
des Terres Réfractaires, *Apyræ*, &
parmi les espéces de Marne; cependant il ajoute, *qu'à parler exactement*,
on ne peut pas dire que c'en soit une,
& qu'il faut plutôt la regarder comme
une espéce de Terre toute particuliere.
Wallerius croit que c'est une espéce
de Sablon durci, *Glarea indurata.*
Ludwig paroît être du même avis,
quand il dit, à la *page 269* de son
Ouvrage, » que le Tripoli est com-
» posé de grains de Sablon très-fins,
» & de la Terre des champs, ou Terre
» végétale la plus subtile, qui, s'étant
» unis dans des débordemens de riviè-
» res, se sont déposés par couches. »
Mais il me semble que les expériences Pyrotechniques ne confirment
point cette hypothèse. En effet, si
on expose le Tripoli à l'action du
feu, & qu'on le fasse fondre avec des
Sels ou des Fondans, on y observe

différens phénomènes que l'on ne
peut attendre d'un Sable fin : d'ailleurs il n'est point non plus de la nature du Sable de pouvoir colorer, &
d'être propre à former des traits.
Quand on expose le Tripoli au feu,
dans un vaisseau fermé, on n'y découvre aucune trace d'Huile, ou d'u-
ne substance charbonneuse, comme
naturellement on devroit s'y attendre, s'il étoit vrai qu'il tirât son origine d'une Terre formée par la pourriture des Végétaux. Je pense que
c'est avec plus de raison que Bromel
le met au rang des Terres argileuses
formées par un Limon subtil ; c'est
en effet la base de sa mixtion ; mais
il entre encore d'autres matiéres dans
sa composition. Il s'en trouve qui
contient une Terre calcaire, & qui
par conséquent fait effervescence
avec l'Eau-forte. On ne remarque
point ce phénomène dans les espéces
de Tripoli qui n'ont point cette Terre
calcaire : il est parlé de ces deux espéces dans l'Ouvrage de M. Ludewig. Le Tripoli contient encore assez
souvent une substance ferrugineuse

qui se découvre, & par la couleur jaune que l'Eau-régale en extrait, & par la couleur d'un rouge foncé que lui donne l'action du feu. La plupart des espéces de Tripoli se durcissent à un feu médiocre, soit qu'après l'avoir pulvérisé, on l'humecte avec de l'Eau pour en faire une pâte, soit qu'on en mette des morceaux entiers au feu. Cette propriété étant particuliére à la Terre argileuse, & ne convenant à aucun Sable, c'est la raison la plus forte que j'aie pour le ranger parmi les Argiles. J'ajouterai même que dans un feu violent, le Tripoli se durcit si fort, que sa surface se vitrifie un peu, & qu'on peut en tirer des étincelles avec l'Acier. Il m'est arrivé aussi de l'avoir vu s'attacher au creuset ; mais j'attribue ce dernier phénomène à la Terre ferrugineuse qu'il contenoit. J'ai observé qu'à feu ouvert, un certain Tripoli jaune est devenu blanchâtre à la surface ; mais que dans son intérieur, il a toujours conservé sa couleur rougeâtre. Une autre espéce de Tripoli, qui se trouve en

Bohême, ne fit point d'effervescence
avec les Acides, & ne se fondit
point, quoique je l'eusse exposé à un
feu très-vif : il demeura friable &
d'un jaune blanchâtre ; cependant il
se durcit un peu au feu. La raison
pour laquelle les Terres de Tripoli
ne sont pas si grasses que les Argiles,
c'est peut-être que dans des débordemens, semblables à ceux dont il a
été parlé, ils ont perdu, par des
voies qui nous sont inconnues, leur
substance glutineuse, soit par extra-
ction, soit par destruction. Si cette
recherche intéressoit quelqu'un, il
n'auroit qu'à prendre le Tripoli, ou
comme la Nature nous l'offre, ou,
pour mieux faire, tel qu'il est après
que les Acides l'ont dégagé de toutes ses parties alcalines & métalliques, le traiter au feu avec des Sels
fusibles & d'autres Mixtes terrestres,
observer en quoi il ressemble ou diffère du Sable traité de la même façon, & tirer des conclusions de la
ressemblance ou de la différence qu'il
y remarqueroit. On croit que le Tripoli, qui ne contient pas de Sable,

& qui résiste le plus long-tems au feu, est le meilleur; cependant je ne puis être du sentiment de notre Auteur, quand il met le Tripoli en général au nombre des Terres; car la Nature nous en offre souvent sous la forme d'une Pierre, qui ne se détrempe & ne se dissout point dans l'Eau, & qui ne se laisse point couper au couteau. On n'auroit pas tort de ranger cette espéce de Tripoli dur parmi les Pierres argileuses un peu maigres, ou les Stéatites maigres, que l'on appelle quelquefois *Pierres à polir*, pour les distinguer des autres. C'est encore à la même classe qu'il faut rapporter la Terre grise d'Angleterre, dont on se sert pour polir le Fer & l'Acier : si, après l'avoir humectée avec de l'Eau, on en fait une pâte & qu'on la mette au feu, elle s'y durcit. On trouve dans l'Ouvrage de M. Ludewig, une énumération exacte des différentes espéces de Tripoli, parmi lesquelles je fus, en quelque façon, surpris d'en rencontrer une de Bordeaux, dont on dit qu'on se sert pour la préparation du Sucre. J'ai examiné la Terre que l'on apporte de France, fous le nom de *Terre de Briançon*, & dont l'ufage eft regardé comme indifpenfablement néceffaire dans la préparation du Sucre ; & je me fuis affuré, par l'examen que j'en ai fait, qu'elle n'a ancune analogie remarquable avec le Tripoli ; elle doit plutôt être regardée comme une Argile jaunâtre, mêlée d'une portion confidérable d'un Sable affez fin ; d'où je conclus qu'il n'y a aucune néceffité de fe fervir de la Terre de Briançon, & qu'en cas de befoin, il feroit très-facile de l'imiter ; auffi voit-on en effet qu'à Hambourg, plufieurs perfonnes lui fubftituent l'Argile des environs, au lieu de celle de France. M. Barrere ne donne pas d'autre nom que celui d'une *Argile marneufe* à la Terre dont il dit, à la *page* 210 de fon *Hiftoire naturelle de la France équinoxiale*, que l'on s'en fert à la Cayenne pour couvrir le Sucre, non, comme il fe l'imagine, pour le rendre plus blanc, mais pour le faire fécher plus promptement ; effet qu'elle produit

seulement en le garantiſſant du con-
tact de l'air, ſans quoi on pourroit
ſe diſpenſer tout-à-fait de l'employer.

Terre à
Foulons.

Il n'eſt pas douteux que la Terre
des Foulons, que l'on appelle auſſi
Terre des Blanchiſſeurs, Sinectis, &c.
ne ſoit, eu égard à ſes parties conſti-
tuantes, une eſpéce de Terre argileuſe ; & je ne vois pas ce qui a
fait penſer à Wallerius qu'on ne pouvoit la travailler à la roue. Ce même
Auteur fait une diſtinction entre la
Terre à Foulons, & l'Argile à Foulons.
L'Argile, dit-il, *ne fait point d'ef-*
ferveſcence avec les Acides, mais la
Terre en fait ; d'où il conclut *que la*
derniére doit être d'un beaucoup meil-
leur uſage dans les travaux que l'Ar-
gile, & qu'elle doit être regardée com-
me une eſpéce de Marne : ſur quoi j'ai
fait les obſervations ſuivantes. On
croit que la Terre ou l'Argile des
Foulons différe de l'Argile ordinaire,
en ce que, détrempée & battue dans
l'Eau, elle produit plus d'écume que
l'Argile, & qu'outre cela, elle a
des propriétés ſemblables à celles
du Savon, qui ne ſe trouvent pas

dans l'Argile ordinaire ; mais je n'ai point obſervé dans les expériences que j'ai tentées, qu'avant que de s'être chargée de la graiſſe de la Laine, elle ait fait plus d'écume qu'une Argile ordinaire ; d'ailleurs toute propriété véritablement ſavoneuſe, me paroîtroit ſuſpecte dans une Terre foſſile. Il eſt vrai que l'on nous dit qu'aux environs de Smyrne, il y a une ſource d'où il ſort une Terre, dont, tous les jours avant le lever du Soleil, on ramaſſe pluſieurs charges de chameaux ; & que cette Terre, bouillie pendant quelques jours dans de l'Huile, fournit un Savon excellent ; mais, avant d'en pouvoir tirer des conſéquences, il faudroit que le fait eût été examiné par quelqu'habile Phyſicien ; & quand même il ſe trouveroit tel qu'on le rapporte, il reſteroit encore à examiner ſi cette Terre eſt une eſpéce de Terre à Foulons, ou ſi un Sel alcali naturel eſt la cauſe de ſes effets. Au reſte, il paroît que la prétendue reſſemblance de l'Argile & de la Terre à Foulons avec le Savon, n'eſt uniquement fondée que sur leur subtilité qui les rend propres à s'insinuer jusque dans les moindres interstices & pores de la Laine & des Etoffes, & à emporter ensuite avec elles dans le lavage, toutes les taches & toutes les parties huileuses & étrangeres dont la Laine pouvoit être chargée ; au lieu que les Argiles sabloneuses, sur-tout celles qui contiennent une grande quantité de Sable grossier, ne peuvent pénétrer si avant, & sont sujettes à gâter la Laine ou les Etoffes dans le lavage, à cause de leur dureté & du frottement. Je ne vois pas de raisons pour croire que la Terre à Foulons, qui contient beaucoup de parties calcaires ou marneuses, & qui par conséquent fait effervescence avec les Acides, soit, comme le prétendent Wallerius & Gellert, beaucoup meilleure que celle qui n'a pas la même propriété. Dans nos Provinces, on en trouve près de Schwibus, à Rindsdorf près de Zullichart, & à Crossen ; mais celle de Drossen & de Rebben, qui sont situées à deux lieues de Francfort sur

l'Oder, est la meilleure de toutes.
La couleur de ces Terres est ordinairement ou blanche, ou d'un blanc jaunâtre, ou d'un jaune tirant sur le gris; elles sont un peu ferrugineuses, se durcissent au feu, & la plupart d'entr'elles font une effervescence considérable avec l'Eau-forte : cependant il y en a une espéce parmi celles de Drossen, que l'on regarde même comme supérieure à toutes les autres, qui n'en fait point du tout. Il en est de même de la Terre à Foulons d'Angleterre, à laquelle on attribue tant de vertus, que l'exportation en est défendue sous des peines très-rigoureuses : elle est d'un gris jaunâtre, très-fine & très-déliée : elle ne fait non plus aucune efferverscence avec les Acides ; de sorte qu'il n'y a point lieu de croire que la Terre calcaire entre dans sa composition comme la principale partie.

Je ne vois pas pour quelle raison *Terreau.* notre Auteur met la Terre noire des Jardins & des Marais au rang des Terres argileuses. Il prétend, à la *page* 46 de son Systême, que *peu à* peu la *Terre des Jardins redevient une espéce d'Argile.* Ce sentiment ne me paroît pas plus vrai que celui de M. Linnæus, qui prétend *qu'avec le tems la Terre végétale se change en Sable.* Il me semble que ni l'une ni l'autre de ces opinions ne peut être démontrée, soit à *priori*, soit à *posteriori.* Cette Terre, en la supposant pure, ne peut être argileuse, car elle ne se durcit point au feu ; elle est encore moins sablonneuse ; elle n'est point du nombre des Terres minérales simples, mais de celui des Terres composées, & tire, comme tout le monde sçait, principalement son origine de la pourriture des Végétaux & des Animaux. Or les Cendres lessivées & les Os calcinés, démontrent qu'outre les parties onctueuses, qui font proprement salines, c'est une Terre alcaline qui fait la base des Végétaux & des Animaux. Quant à la Terre qui reçoit ces parties salines, oléagineuses & visqueuses des Végétaux & des Animaux, elle est sans distinction limoneuse, argileuse, sablonneuse, calcaire, ferrugineuse, &c.

& se mêle, après coup, avec la Terre des Végétaux. Voilà tout ce que je puis assurer ; mais je n'entreprendrai pas de prouver qu'une Terre spécifiquement végétale & animale puisse se changer, avec le tems, en une Terre argileuse ou sablonneuse.

Notre Auteur, ayant attribué à toutes les Terres en général la propriété de se dissoudre dans l'Eau, je ne conçois point comment il a pu mettre toutes les espéces de Crayes au nombre des Terres, ni pourquoi il n'en a pas rangé plutôt le plus grand nombre dans la classe des Pierres. On sçait que la plupart des Crayes ne se dissolvent point dans l'Eau, à moins qu'on n'ait commencé par les réduire en poudre. Il auroit encore été à propos de remarquer au sujet de la Craye, qu'ordinairement elle contient une certaine portion de Sable & de Pierres qu'on y découvre par le lavage, quand elle a été préalablement pulvérisée avec un pilon de bois. Si on dissout par les Acides les parties véritablement crétacées, on trouve que le Sable auquel elles

étoient mêlées, reste sans avoir été
en dissolution. La Craye étant évidemment une des principales espéces
des Terres calcaires ou alcalines, il
paroît étonnant qu'un Auteur mo-
derne la mette au nombre des Pierres
réfractaires, dont il dit qu'elles ne
se décomposent, ni par elles-mêmes,
ni par le secours des Liqueurs, comme fait la Chaux; car il est certain
que la calcination change assez promptement la Craye en une vraie Chaux;
& que, quand le feu a été très-violent, on trouve que les Cendres légéres qui se sont attachées à sa surface, y ont formé une espéce de
croûte assez dure. L'action d'un feu
long-tems continué, produit le même effet dans les fourneaux des Verreries. On conçoit, par ce que je
viens de dire, que les espéces de
Crayes qui ne font pas d'effervescence avec les Acides, comme celle
dont parle Ludewig à la *page* 150,
doivent nécessairement être rappor-
tées à des espéces de Terres tout-
à-fait différentes, mais qu'il n'est pas
difficile de déterminer. Kunckel croit
que

que la Craye contient moins de Sel
que la Chaux commune ; mais je
doute fort qu'on en ait de bonnes
preuves. Quant à l'origine de la Craye
& des autres Terres calcaires, c'est
une matiére sur laquelle les Auteurs
sont fort partagés. Henckel la regarde comme une *Terre primitive qui
a été détachée des Pierres calcaires par
l'érosion des Eaux salées de la mer* ; il
pense que c'est par cette raison qu'elle
se trouve toujours sur les bords, ou du
moins, à peu de distance de la mer.
Mais cette supposition ne seroit, par
exemple, point applicable à la Craye
qui se trouve en Suisse. Neumann a
cru qu'elle tiroit son origine *d'une
Pierre de Corne, ou d'une Pierre à Fusil noire, pénétrée & décomposée par
des vapeurs minérales* ; car, ajoute-
t-il, *la Craye contient ordinairement
encore des restes de ces sortes de Pierres* :
ce sentiment n'est pas destitué de probabilité, quoique Neumann n'ait pas
réussi dans l'imitation artificielle de
la Craye. M. de Buffon prétend dans
son *Histoire Naturelle, que la Craye,
la Marne, le Marbre & la Pierre à*

E

*Chaux, ne font composées que de pouf-
fiére & de détrimens de Coquilles.* Je
trouve ce fentiment très-vraifembla-
ble par rapport aux couches de Marne; mais je ne vois pas qu'il y ait de
la proportion entre cette pouffiere,
ou de *détritus*, & les prodigieufes
montagnes de Pierres à Chaux dont
l'étendue eft fouvent de plufieurs
lieues; les montagnes de Marbre &
de Craye qui fe trouvent en Norwége
& en d'autres pays. Ludewig, au
contraire, croit, à la page 268 de
fon Ouvrage, *que la Craye tire fon
origine de l'Argile;* & il prétend, *que
le principe onctueux étant venu à fe
féparer de l'Argile pour former, avec
la Terre la plus fubtile, une Pierre à
Fufil, l'Argile que ce principe a aban-
donnée, devient une Craye maigre;* &
comme la Pierre à Fufil contient
fouvent des Coquillages, il préfume
que cette Pierre s'eft formée dans la mer.
Il réfute le fentiment de Neumann,
fondé fur ce qu'on ne trouve pas les
Pierres à Fufil par couches entieres,
& qu'on tire toujours de la Craye
au fond de la mer. Cependant il ne

prétend point *que ce soit précisément une Argile à Potiers*, mais il dit que *cette masse est semblable à la Terre blanche, qui, sur les côtes d'Angleterre, se tire souvent du fond de la mer, & dont on peut former une pâte qui a quelque liaison, sans être tout-à-fait glutineuse.* Toutes ces hypothèses ne jettent guères de jour sur la formation de la Craye. Le sentiment de M. Ludewig est exposé à un grand nombre de difficultés ; mais elles seroient aisément levées, si l'on pouvoit démontrer, par des expériences, comment le principe gras & onctueux de l'Argile, mêlé avec une Terre subtile, peut devenir une Pierre à Fusil & une Terre vitrifiable, & si l'on indiquoit d'où la *Terre maigre* qui reste après la séparation de ce *principe onctueux*, peut avoir tiré ses propriétés calcaires & alcalines, puisque la facilité que cette Terre a de se dissoudre dans les Acides donne lieu de présumer qu'elle contient un principe analogue, c'est-à-dire, salin, qui soit la cause de sa solubilité. Quoique Neumann n'ait pas réussi

par fa *fulfuration*, à faire de la Pierre
à Fufil, la Nature peut fort bien
avoir d'autres voies & d'autres vapeurs falines propres à produire l'effet dont il s'agit : opération qui exi-
ge une action très-fouvent réitérée
& continuée peut-être pendant plufieurs fiécles. Un Médecin Anglois
affure *que la Pierre à Fufil qui fe trouve dans la Craye, fe change d'elle-
même en Craye, quand elle eft expofée
pendant long-tems à l'action de l'air.*
Ce feroit peut-être ici le lieu de rapporter encore, comme on l'a déja
obfervé, à la page 427 *du V. Tome
du Magafin de Hambourg*, que l'action de l'air vient à bout de décompofer la furface des Pierres à Fufil,
& de la rendre friable, en forte qu'elle
forme une efpéce de croûte. Wallerius confirme cette obfervation dans
fa *Minéralogie*. Il eft certain que c'eft
principalement la Terre de Cailloux
& la Terre calcaire qui fe difputent
l'avantage d'approcher le plus près
de la Terre primitive & la plus fimple ; car il eft évident que les Terres
argileufes & gypfeufes font déja beau-

coup plus compofées. Avec le fecours de la Chymie, on peut changer l'une de ces Terres en l'autre. En faifant fondre la Terre des Cailloux avec du Sel alcali, on a de la Terre calcaire ; & en faifant fondre de la Terre calcaire avec des fubftances telles que l'Argile, le Spath fufible, &c. On obtient une Terre de Cailloux. Mais on concevra aifément qu'il n'y a aucune néceffité abfolue qui borne la Nature à ces feuls moyens, & qu'il fe peut fort bien qu'elle en emploie d'autres. Au refte, l'expérience nous démontre auffi que la Terre calcaire, mêlée avec de l'Acide vitriolique, devient, à un certain point, femblable à la Terre gypfeufe : cependant il s'y trouve encore des différences. Toutes les difficultés ne font pas levées, & il faut encore regarder la queftion comme indécife. La décoction que Neumann a faite de la Craye ordinaire, & fes effets, fuffifent pour prouver que cette Terre n'eft point tout-à-fait fimple, & qu'elle eft mêlée de matiéres falines. Pour fe convaincre da vantage, que non-seulement la Craye, mais encore toutes les autres espéces de Terres calcaires, contiennent une substance saline cachée, on n'a qu'à faire attention qu'elles ont la pro-priété de rendre fusibles des com-positions faites avec l'Argile, le Sa-ble, le Caillou & le Quartz : sub-stances qui par elles-mêmes n'en-trent que difficilement en fusion. Il faut nécessairement que ce soit cette substance saline, qui, lorsqu'elle se trouve dans une certaine proportion, donne au corps argileux une cohésion plus intime, & une liaison plus étroi-te. En mêlant de l'Argile blanche, par exemple, ou seulement de la Glaise lavée avec, portion égale, ou, pour mieux dire, avec un peu moins de Craye ou de Pierre cal-caire, on obtient des compositions compactes dont on peut se servir pour faire de grands vaisseaux : mais à mesure que l'on augmente la dose de Craye, les compositions devien-nent plus fusibles. Au contraire, si on veut faire dans le feu une masse solide & compacte, en mêlant de

l'Argile avec de la Pierre gypseuse,
il faut faire entrer dans la composition trois ou quatre parties de Gypse contre une partie d'Argile. Quand
on expose un mélange d'Argile &
de Craye à un feu violent, il se
fond, & devient une masse de Verre,
dont la dureté est bien plus grande
que celle du Verre ordinaire ; &
même ce mélange en fondant, en-
traîne avec lui, & met en fusion,
une beaucoup plus grande partie de
Sable, de Quartz & de Cailloux,
que ne fait le Gypse. J'ai trouvé,
par exemple, que deux parties d'Argile blanche lavée, deux parties de
Quartz & une partie de Craye, ont
formé en se fondant une masse transparente, jaunâtre & compacte. Quand
au lieu de la Craye j'ai pris de l'Albâtre dans la même proportion, &
que j'ai mis ce mélange au même
feu, j'ai trouvé qu'il n'étoit pas, à
beaucoup près, si fusible que le premier. Lorsque j'ai mêlé quatre parties d'Argile, & quatre parties de
Sable avec une partie de Craye, le
feu en a fait une masse assez com-

pacte ; mais quand j'ai augmenté par
degrés la dose de la Craye , le mêlange est enfin devenu très-fusible.
Trois parties d'Argile , & cinq parties de Cailloux , mêlées avec une
partie de Craye , sont déja assez fusibles ; mais en ajoutant encore une
partie de Craye , leur fusibilité augmente considérablement. En mêlant
des parties égales d'Argile , de Cailloux & de Craye ; ou , ce qui vaut
encore mieux, de l'Argile, du Quartz
& de la Craye , on obtient des compositions très-fusibles. Je ne dois pas
oublier de remarquer ici , qu'il vau-
droit bien la peine que l'on examinât
le fait que Bachstrom avance dans
son *Traité du Scorbut* , *page* 81 , où il
dit , que l'Arsenic se trouve souvent
en grande abondance dans la Craye
& dans la *Corne fossile* , (*Cornu fossile*).

Marne.   Pour ce qui est de l'examen de la
Marne , je ne crois pas , qu'avant ce
que j'en ai dit à la page 96 de ma
Lithogéognosie , quelqu'un ait re-
commandé de distinguer sa partie
principale , qui la rend propre à fertiliser les Terres , d'avec les autres

parties qui ne s'y trouvent qu'accidentellement mêlées, quoique fouvent en grande quantité. Et je ne
pense pas qu'on ait obfervé avant
moi, que cette partie principale eft
proprement une Terre calcaire qui
attire les Acides, auffi - bien que les
parties onctueufes, & les humidités
de l'air, les rend falines & favonneu-
fes, fe décompofe en même tems,
& par-là devient propre à être mife
en diffolution par l'Eau de la pluie,
& à fervir de nourriture aux racines
des Plantes. Kunhold rapporte, *à la
page 113 de fon Economie*, plufieurs
circonftances dignes d'attention fur
cette propriété d'attirer qu'à la Marne, & fur la maniére d'en tirer parti
pour la fabrique du Salpêtre. Mais
comme cette Terre eft fouvent mêlée
avec toutes fortes d'Argiles colorées,
de Terres graffes, de Sable, &c. il
arrive quelquefois, fuivant les différentes proportions de ces mêlanges,
que non-feulement ils forment des
maffes compactes au feu, mais même qu'ils s'y durciffent au point de
donner des étincelles lorfqu'on les

E v

frape avec de l'Acier , de même que
la Craye artificielle dont j'ai parlé
plus haut. C'est ce phénoméne qui
a déterminé Henckel , & plusieurs
autres Naturalistes, à donner le nom
de Marne à toutes les Terres & Pierres qui se durcissent au feu. Mais on
trouve des Terres marneuses , entre
lesquelles on peut compter celles qui
sont blanches & assez pures , qui ne
contiennent que peu ou point de parties argileuses , qui par conséquent
n'ont point la propriété de se durcir au feu , & qui cependant sont
très-propres à fertiliser les Terres.
Il y a même des endroits où l'on fume
les Prairies & les Terres avec de la
Chaux. J'ai vu au pays de Meckel-
bourg , & en d'autres pays , détremper ces espéces de Marnes blanches
dans de l'Eau , les mouler pour leur
donner la forme de Briques , & en
obtenir, après les avoir calcinées dans
un four , une espéce de Chaux propre à bâtir. Bruckmann rapporte aussi
dans sa *Description de Francfort* , page
33, que l'on y fait beaucoup de Chaux
avec la Marne qui se trouve dans les

environs de cette Ville, & que cette
Chaux est propre à bâtir, mais ne
vaut rien pour blanchir, parcequ'elle
est sujette à s'écailler dans les endroits
humides. C'est par la même raison
que toutes les Terres grasses & argileuses, qui contiennent une grande
portion de Terre calcaire & marneuse, que l'on y découvrira à l'aide de
l'Eau-forte, peuvent être employées
avantageusement à l'amélioration des
Terreins sablonneux. Il sera facile
de lever toutes les difficultés qui
pourroient rester sur cette matiére,
& de concevoir en même tems qu'il
est impossible que les Terres marneuses, qui ne sont point d'effervescence, telles que celles dont parle Ludewig, aux pages 125 & 145 de sa
*Description des Terres du Cabinet de
Dresde*, puissent être de véritables
Marnes, & servir, comme elles, à
l'amélioration des Terres. Peut-être
ces Terres pourroient-elles être mises
au rang des argileuses. Au reste, les
espéces de Marnes différent entiérement par leurs couleurs, leurs mêlanges & leur dureté. Quelques-unes

E vj

font d'un jaune blanchâtre ; d'autres
font grifes, rouges, bleues, noires,
&c. En les confidérant, eu égard à
leur mélange, on trouve que quelques-unes, fur-tout après avoir été
lavées, peuvent être travaillées à la
roue, & que d'autres fe refufent à
cette opération. Quant à leur dureté, on obfervera que quelques efpéces de Marnes, fur-tout celles que
l'on emploie le plus pour engraiffer
les Terres, font fouvent prefque auffi
dures que des Pierres ; de forte qu'il
faut des inftrumens de fer pour les
arracher des endroits où elles fe trouvent, & que quelquefois elles ont
befoin de demeurer à l'action de l'air
pendant deux ou trois ans, pour fe
défunir, & pour pouvoir fe mêler à
la Terre par le labourage. Henckel
parle d'une efpéce de Terre marneufe, très-compacte, qui fe trouve à
Topliz, & dit, qu'il y en a une
grande Carriére près de Collitz en
Bohême. On rencontre auffi quelques
efpéces d'Ardoifes, qui, contenant
une portion confidérable de Terre
calcaire, fe décompofent avec la

tems, à l'air, & peuvent être employées de la même façon que la
Marne. Mais il faut bien distinguer
la Marne pierreuse & dure d'avec la
Stéatite, ou Pierre de Lar : en effet,
elle est moins grasse que cette Pierre.
La première contient toujours une
Terre calcaire ; la derniére n'a pas
la même propriété. La Marne se dé-
compose à l'air, s'éclatte dans le feu;
phénoménes qui n'arrivent point à
la Stéatite. La Marne pierreuse se distingue du *Medulla Saxorum*, en ce
que cette derniére substance se trouve
toujours dans les fentes & creux des
rochers & dans les carriéres, & qu'ordinairement c'est une substance argileuse & pure : peut-être voudra-t-on
mettre au même rang le *Lac Lunæ*
calcaire. Quant à la formation de la
Marne, il y a tout lieu de croire,
qu'ordinairement elle n'est produite
que par un *détritus* des Coquilles &
d'autres substances marines : d'où il
suit nécessairement que ce doit être
une Terre calcaire. En général, il
n'est point vrai, comme le dit Wa-
gner, *qu'elle se trouve toujours par*

feuillets, rarement par grandes cou- ches, mais plutôt dans de grandes ca- vités de la Terre, & dans les fentes des montagnes. On atteint ordinaire- ment ces couches par le moyen d'une fonde ou tarriere. La propriété que la Marne a de donner de la ductilité au Fer aigre & impur, qui lui est commune avec les Pierres calcaires & les Marbres, mériteroit d'être exa- minée avec plus de soins. Notre Au- teur auroit encore dû remarquer ici, que l'effervescence que font avec les Acides toutes les espéces de Terres grasses, plusieurs Argiles & Bols, la Terre sigillée, les Cendres lessi- vées, les Os calcinés, prouve que tous ces corps contiennent une quan- tité considérable de Terre calcaire.

Cailloux.   Pour ce qui est de l'énumération des Pierres vitrifiables que notre Au- teur fait à la page 13, je crois devoir remarquer, que quoique dans ma Li- thogéognosie j'aie nommé ces Pierres *vitrifiables*, cependant, après avoir considéré la chose de plus près, je me suis déterminé à rejetter cette dé- nomination, & à y substituer celle

de *Pierres du genre des Cailloux*: ce qui
est plus exact. En effet, il est sans
doute plus dans l'ordre de dériver le
caractère spécifique, & la principale
propriété de ces espéces de Pierres,
de celles qui sont plus simples, que
de celles qui sont moins pures & plus
composées. Or, il est certain que
parmi toutes les Pierres les plus pures de cette espéce, il ne s'en trouve
aucune qui puisse se vitrifier par elle-
même; puis donc qu'on est obligé de
leur joindre des Sels ou des Fondans
métalliques, elles n'ont en cela rien
qui leur soit particulier, toutes les
autres espéces de Pierres se vitrifiant
de la même façon. Sur ce fondement
on pourroit les appeller toutes *vitri-*
fiables. Il est vrai que les unes demandent une addition plus forte de
Fondant que les autres; mais de ce
que ces Pierres exigent pour se vitrifier beaucoup moins de Fondant que
les autres, & de ce que par conséquent elles se vitrifient beaucoup plus
facilement, ce n'est point une raison
suffisante pour justifier ma définition;
car cette propriété n'est point géné-

râle, elle souffre des exceptions ; &
parmi les substances que l'on appelle
vitrifiables, il y en a qui, pour se
changer en Verre, demandent beaucoup plus de Fondant qu'aucune des
Terres ou Pierres qu'on regarde communément comme non vitrifiables,
ou difficiles à changer en Verre. Il
est facile de s'en convaincre par les
expériences qu'on peut faire sur différentes espéces de Pierres précieuses.
J'ai eu occasion de m'en assurer dans
celles que j'ai faites sur la Topase de
Saxe, dont j'ai donné le détail dans
mon examen de cette Pierre. D'un
autre côté, toutes les autres substances terreuses ou pierreuses qui se fondent au feu, & s'y changent en Verre
sans qu'il soit besoin d'addition, &
qui par conséquent méritent, à la
rigueur, le nom de *vitrifiables*, sont
manifestement des corps composés.
Tels sont, par exemple, la Glaise,
les Argiles colorées, les Terres à
Briques, les Marnes colorées, la
Marne pierreuse, les différentes espéces d'Ochre, le Jaune de Montagne, le Rouge de Montagne, diffé-

rentes efpéces d'Ardoifes, la Pierre
Ponce & quelques efpéces d'Afbeftes,
la Pierre de Touche , la Pierre de
Stolpe. Il faut encore mettre au même rang le *Silex* noir, mêlé de *Mica*,
que l'on nomme *Schwartzftein* (Pierre noire) dont on fe fert dans les
Verreries où l'on fait des bouteilles
de Verre noir. Ce Caillou eft par
lui-même fufible au feu ; & l'extrait
qu'en fait l'Eau régale , dénote des
parties ferrugineufes. Il eft à remarquer , que parmi les matiéres vitrifiables , dont je viens de faire l'énumération , il y en a quelques-unes
qui ne contiennent que peu ou point
de la véritable Pierre de Caillou. Cependant fi-tôt qu'il fe préfente un
Caillou tant foit peu dégagé des matiéres étrangeres , on le diftingue facilement de toutes les autres Pierres,
parceque, tel que la Nature nous
le préfente , il a la propriété de faire
feu avec l'Acier. J'ai déja remarqué
dans ma Lithogéognofie , qu'une
Craye & une Argile blanche, parfaitement pures & dégagées de toute
Terre fablonneufe , fe fondent au

feu, & se durcissent au point qu'en les frapant avec de l'Acier, il en part beaucoup d'étincelles. Quand, à cette Argile ou à une semblable Terre calcaire, ou même gypseuse, on joint différentes doses d'une matiére ferrugineuse, il en résulte des compositions dont la fusibilité est proportionnée à la quantité de cette matiére ajoutée. On trouve aussi la même chose dans plusieurs Argiles que la Nature a pris soin de composer elle-même, dont quelques-unes ne font que se joindre ou se pelotonner, tandis que d'autres paroissent comme fondues ensemble ; avec cette différence cependant, que les unes semblent parvenues à une fusion parfaite, tandis que les autres, fondues plus difficilement, n'ont eu qu'une fusion pâteuse & spongieuse. D'autres sont devenues au feu aussi dures que du Jaspe, & capables de prendre le poli, comme lui. D'un autre côté, on trouve des corps, qui, quoiqu'ils contiennent une portion considérable de la Terre de Caillou, sont si tendres, qu'ils ne font point feu avec l'Acier, à cause de leur mélange avec d'autres matiéres. On en voit un exemple dans le Spath, ou le Spath fusible, dont on ne peut point tirer d'étincelles avec l'Acier ; tandis qu'il y a d'autres substances dans la composition desquelles il entre du Cuivre, & peut-être même d'autres mixtes minéraux, qui ont la propriété de rendre fusibles, & par conséquent de vitrifier les Terres mêmes, & les Pierres qui sont les moins disposées à entrer en fusion. Ainsi, lorsque Henckel nous dit dans son Traité *De Origine Lapidum*, qu'il connoît une espéce de Pierre à Fusil, de couleur bleuâtre, qu'on trouve dans la Terre argileuse de Waldembourg, qui, sans être une Pierre à Fusil ordinaire, entre en fusion au feu sans addition ; il faut nécessairement que cette propriété soit l'effet d'une Terre hétérogène, ou métallique, ou minérale, ou d'une autre substance avec laquelle cette Pierre est mêlee. Il en est de même du *Crystal d'Islande*, de l'*Amianthe*, & du *Suber Montanum*, ou *Liége de Montagne*, dont parle le même Auteur, qui ne se fondent sans addition, que parceque ce sont des Pierres composées. Pour les Hyacinthes, les Grenats, l'Aigue marine, la Malachite, &c. il n'est pas douteux que ces Pierres ne doivent leur fusibilité à une substance métallique qu'elles contiennent. Il y a de l'Alun de plume, qui, sans addition, ne se fond que très-difficilement ; mais quand on joint une certaine portion d'Argile blanche, il céde beaucoup plus promptement au feu. Le Talc blanc est difficile à fondre par lui-même : le rouge au contraire se fond beaucoup plus aisément, parcequ'il est pénétré d'une substance ferrugineuse. Aussi, quand on a extrait cette substance par le moyen de l'Eau régale, ce qui reste est aussi difficile à fondre que le Talc blanc. Ce n'est qu'aux parties ferrugineuses que contiennent la Serpentine & la Stéatite colorée, qu'on doit attribuer leur fusibilité.

Pierres Précieuses. Notre Auteur dit en général de toutes les Pierres précieuses dont il fait l'énumération, que la Lime n'a

point de prife fur elles : cependant
il y en a fur lefquelles une bonne
Lime angloife ne laiffe pas de mor-
dre tant foit peu. J'ai fur-tout obfervé que l'Emeraude & l'Opal n'y
réfiftent pas tout-à-fait. Peut - être
même y en a-t-il d'autres qui leur
reffemblent en cela. En effet, Wallerius remarque, qu'outre l'Emeraude, la Topafe, l'Amethyfte, le Gre-
nat, l'Hyacinthe, & le Bérille, font
obligées de céder à la Lime.

Notre Auteur dit au même en-
droit, *page 47*, que les Pierres fauffes,
Pfeudo-Gemmæ, font des efpéces de
Cryftal. Je ne puis pas être tout-à-
fait de fon avis ; & je trouve que la
plupart d'entr'elles, celles fur - tout
qui fe débitent chez nos Marchands,
font plutôt des efpéces de Spath
fufible : car il s'en faut beaucoup
qu'elles prennent le même poli que
celui dont les Cryftaux font fufcep-
tibles. Outre cela, l'Acier n'en fait
point fortir d'étincelles ; & elles font
femblables d'ailleurs au Spath fufible, ou Fluor de Spath, en ce
qu'elles entrent très-aifément en fu-

sion avec la Craye, & d'autres substances pareilles. J'en ai fait l'expérience sur la fausse Emeraude, le faux
Saphir, la fausse Amethyste, &c.
Pour les distinguer des Pierres fines,
quelques gens leur donnent le nom
de Pierres d'Occident.

Quartz. A la *page* 14, notre Auteur rend
en allemand le mot *Quartz*, par
Fluor : sur quoi je ne puis me dispenser de remarquer que l'on devroit
conserver le nom de *Quartz* ; car,
sans cela, on continuera toujours de
confondre ce Fossile avec le Spath
vitreux, que l'on appelle *Flux*, ou
Fluor de Spath : défaut qu'il seroit à
propos, selon moi, d'éviter avec
soin. Le terme de *Fluor* n'indique ordinairement que le Spath, qui approche de la nature du Verre, ou
les Spaths fusibles. Il est vrai que l'on
trouve souvent des espéces de Quartz
qui sont un peu plus fusibles que les
Cailloux, & dont on se sert même
pour faciliter la scorification des Minerais ; mais leur qualité phosphorique prouve que ces sortes de Quartz
sont mêlés avec des Spaths fusibles.

Au reste, le Quartz n'éclate point en morceaux dans un feu modéré, comme fait le Spath fusible. Après y avoir été exposé, sa couleur tire plus sur le blanc de lait : & l'Acier en fait sortir des étincelles, tout comme auparavant. J'ai exposé ce même Quartz à un feu ouvert des plus violens, & j'ai observé que, quoiqu'il n'eût pas éclaté en morceaux, il ne laissa pas de devenir un peu moins compact. Malgré cela, lorsqu'on le frapa avec de l'Acier, il fit toujours du feu, & même en assez grande quantité. Quand on pétrit du Quartz pulvérisé avec de l'Eau de Sucre, le feu en fait une masse beaucoup plus compacte, que le Spath fusible préparé de la même façon.

Pour ce qui est des Cailloux, je ne puis pas m'empêcher de rapporter le sentiment de Henckel au sujet de leur formation. Il dit, à la *page* 39 de son *Traité sur l'origine des Pierres*, *que la matière du Caillou est une Marne ; car la Marne se durcit à un certain degré de feu, au point de faire feu avec de l'Acier.* Mais la Marne étant, comme il le fuppofe, toujours compofée d'Argile & de Terre calcaire, il s'enfuivroit que les Cailloux ne feroient point une Terre fimple, mais une Terre compofée de parties argileufes & calcaires. Mais il me femble qu'il eft auffi difficile de donner des preuves complettes de ce fentiment, que de l'opinion de ceux qui, avec Becher, prétendent réduire le Caillou par le moyen du Feu & de l'Eau; d'abord en une matiére gluante & mucilagineufe, & enfuite en Efprit & en Huile. Il faut que j'ajoute ici un mot fur la propriété phofphorique des Cailloux. M. Bruckmann parle, à la *page 623*, de la feconde Partie de fes *Epiftolæ itinerariæ*, d'une efpéce de Caillou que *l'on trouve dans la mer à peu de diftance de Kiel*, qui tient de la nature du Quartz; & qui, frotté dans un endroit obfcur, devient lumineux. Il me cite à cette occafion, & dit, que c'eft avec moi *qu'il doute fi l'on doit regarder ces Pierres comme des Cailloux qui tiennent de la nature du Quartz;* car, pourfuit-il, *comme ces Pierres*

ne

ne font point feu avec l'Acier, il y a apparence qu'elles font une efpéce de Spath fufible ; & comme elles répandent une odeur fulphureufe quand elles ont été frottées, il femble qu'elles participent de la Terre calcaire, ou du Lapis Suillus de Bromel. Il obferve en même tems, que parmi les Pierres à Fufil communes, il y en a qui font phofphoriques, les unes plus, les autres moins ; & qu'on trouve aux environs de Wernigerode, dans la riviére d'Ilfe & dans l'Ercker, des Cailloux qui ont auffi la propriété de devenir lumineux, mais non au point de ceux de Kiel.

Pour dire mon fentiment fur cette matiére, j'avoue que je ne me rappelle pas fi les Pierres qui m'ont été envoyées de Kiel, font ou ne font point feu avec l'Acier. Je les regarde comme des Cailloux qui n'ont rien qui les diftingue des autres ; & je ne crois pas qu'ils contiennent une Terre calcaire. Pour ce qui eft de leur propriété phofphorique, elle ne leur eft aucunement particuliére. Tous les Cailloux blancs & purs deviennent phofphoriques, quand on les frotte fortement les uns contre les autres, & en même tems il en part une odeur sulphureuse. Les Cailloux qui sont d'une couleur un peu foncée & mêlangés, sont même aussi phosphoriques, mais beaucoup moins, à la vérité, que les premiers. Leur diminution de lumiere est proportionnelle à leur degré de pureté, & à l'obscurité de leur couleur.

Pierres à aiguiser.

La Pierre à aiguiser n'est pas toujours un Grais, à moins que l'on ne parle de la Pierre à aiguiser à l'eau, *Cos aquaria.* Il y a des Pierres à aiguiser à l'huile, *Cos olearia*, dont la couleur est ou verdâtre, ou grisâtre, ou noirâtre : les plus noires deviennent, par le poli, de fort bonnes Pierres de touche. Comme cette derniére espéce de Pierre à aiguiser a la propriété de se fondre sans addition dans un feu violent, & de s'y gonfler sous la forme d'une Scorie spongieuse, on devroit plutôt la mettre au nombre de ces substances qui tiennent de la nature de l'Ardoise, entre lesquelles on rencontre des espéces qui entrent en fusion dans un feu ouvert & très-violent, & forment une espéce d'écume en se fondant. Auſſi Scheuchzer met-il, à la *page 120* de ſon *Orictographie de la Suſſe*, le Schiſte, ou l'Ardoiſe griſe, noire, cendrée & jaune de Glaris, dans le même rang que la Pierre à aiguiſer.

La Pierre de Corne, ou la Pierre à Fuſil ordinaire, eſt d'une couleur brune, jaune, verte, noire, blanchâtre, &c. & tantôt plus, tantôt moins tranſparente, ſur-tout lorſqu'elle eſt compoſée de feuilles ou lames minces. Les Pierres les plus claires de cette eſpéce, ſont la baſe de l'Agathe, & d'autres Pierres ſemblables. Il eſt très-probable que cette ſorte de Pierre s'eſt formée dans la mer, & qu'autrefois elle a été fluide, viſqueuſe & gluante; car on y trouve ſouvent des Teſtacées ou Coquilles marines, & on en voit ſortir du Corail. Il y a lieu de croire que ces Pierres ſont redevables de leurs couleurs à des vapeurs volatiles & colorantes; car ces mêmes couleurs ſe paſſent ordinairement dans un feu ouvert; & ce qui reſte des Pierres de-

F ij

vient une poudre blanche, qui est ordinairement employée dans les compositions des Pierres factices. Mais
les mélanges des différentes sortes de
Pierres à Fusil sont-ils en effet aussi
différens qu'on le croit? Henckel &
son Commentateur en sont persua-
dés, 1°. Parceque quelques-unes de
ces Pierres se trouvent sous terre par
veines, d'autres répandues dans les
champs, & d'autres enfin dans la
Craye : 2°. Parceque les Pierres à
Fusil qui se tirent des montagnes,
quand on les brise, ne prennent pas,
comme les autres, une figure concave
d'un côté, & convexe de l'autre ;
mais se mettent en feuilles, en tables & en lames paralelles : Wallerius en cite des exemples : 3°. Parceque la Pierre de Corne bleuâtre qui
se trouve quelquefois dans l'Argile à
Potiers de Waldembourg, se fond
par elle-même : mais cette derniere
circonstance est tout-à-fait particuliére & extraordinaire. En général,
on ne peut établir de différences bien
marquées entre les Pierres à Fusil.
Henckel & son Commentateur ne

s'accordent point fur l'origine de cette Pierre. Le premier croit qu'elle contient une certaine portion d'une fubftance crétacée, mais autrement modifiée ou préparée que celle qui eft contenue dans les Pierres calcaires : cependant l'Eau - forte n'y découvre point ce principe. Cet Auteur croit *qu'une matiére gélatineuse & oléagineuse s'eft féparée de l'Eau de la mer, & s'eft dépofée dans des endroits tranquilles : qu'elle y a acquis la dureté d'une Pierre ; & que la raifon pour laquelle cette Pierre fe trouve actuellement placée au-deffous des Pierres calcaires, c'eft que les Pierres calcaires ne fe font formées & depofées qu'après coup d'une Eau de mer putrefiée.* Quant à celles qui fe trouvent dans les champs, il croit *que leur matiére autrefois fluide eft venue de rochers fendus, ou de quelques veines brifees, &c.* Mais toutes ces idées font trop recherchées, & ont befoin d'être mifes dans un plus grand jour, avant que de pouvoir y foufcrire. Ludewig penfe que la Pierre à Fufil eft formée d'un principe onctueux & gras de l'Argile, qui,

F iij

venant à s'en séparer, s'unit à une Terre subtile, se durcit avec elle, & quitte le reste de la masse argileuse qui reste sous la forme d'une Craye. Wallerius la met au nombre des Pierres réfractaires, *Apyræ*, parcequ'elle devient friable dans le feu. Mais cette raison ne me paroît pas suffisante pour l'ôter du nombre des Cailloux : car toutes les espéces de Cailloux sont dans le même cas. Et quand même une de ces Pierres seroit un peu plus tendre que l'autre, le plus ou moins de consistence ne changeroit rien au fond de leur mixtion. D'ailleurs, si l'on consulte l'expérience, on ne trouvera pas que l'examen par le feu, où les mélanges avec des Sels, & d'autres Terres, découvrent aucune différence sensible & réelle entre une Pierre à Fusil pulvérisée, un Sable blanc, un Quartz, un Caillou & du Crystal pur : par conséquent il faut que la Terre, qui fait la base de ces Pierres, soit précisément la même.

Spath fusible.

A la *page* 15, notre Auteur (M. Wolterfdorff) traite du Spath vitrifiable, *Spathum vitrescens*, du Spaht fufible ou *Fluors*. Quoique plufieurs des phénomènes qui s'obfervent dans cette efpéce de Pierres reffemblent à ceux du Quartz, je penfe que la Terre qui en fait la bafe, doit être une Terre de Cailloux, *Terra filicea*; mais il eft certain que cette Terre, loin d'être pure, contient encore un autre principe, fur la nature duquel les Auteurs font très-peu d'accord. Boot diftingue les Spaths fufibles les plus tranfparens d'avec ceux qui, étant plus pierreux, font plus opaques; mais cette diftinction ne touche point au fond de la chofe, qui ne dépend aucunement d'un degré de pureté plus ou moins grand, car il fe trouve communément des Spaths fufibles mêlés avec toute forte d'autres fubftances. Woodward dit, dans *fa Géographie phyfique*, que *le Spath, ou le Fluor, eft un Mixte compofé de Cryftal & d'un Medulla Saxorum très-délié*, (qu'il appelle *Lac Lunæ* dans un autre endroit) *ou d'autres matiéres pierreufes, terreufes ou métalliques; & que la tranfparence du Spath, & la*

régularité de sa figure, est proportionnelle à la quantité de matiére crysta-
line qu'il contient. Mais cette description ne nous apprend rien de certain;
& ce mêlange avec le *Medulla Saxorum*, que cet Auteur confond assez
mal-à-propos avec le Lait de Lune,
ne peut être démontré en aucune
façon. Henckel dit, à la *page* 219
de sa *Pyritologie*, que *c'est une Pierre
calcaire, feuilletée, grainelée & fila-
menteuse, d'une couleur tantôt blanche,
tantôt d'un brun-rouge, &c. moins dure
que le Quartz, & assez tendre, pour
qu'on puisse en détacher quelque chose
avec un couteau, & même avec les
ongles,* (observation que Boot avoit
déja faite) *plus pesante que le Quartz,
& qui l'est même tant, que l'on pourroit
présumer qu'elle contient du Métal, quoique jusqu'ici on n'en n'ait pu tirer que
peu, ou même point du tout.* Le même
Auteur dit, dans ses *Opuscules Minéralogiques, page* 594, *que les essais &
les expériences ont suffisamment mon-
tré, que les Fluors & les Spaths sont
d'une nature saline & alcaline;* & à la
page 36 de *l'Henckelius redivivus,* il

s'explique de la maniére suivante :
Le Spath est une Pierre qui tient le mi-
lieu entre la Pierre calcaire & le Cail-
lou ; quoiqu'elle ne se calcine point com-
me la Pierre à Chaux, elle ne laisse
pas de se décomposer ou désunir, &
participe de la nature de la Pierre à
Chaux, aussi-bien que de celle du Caillou.
Mais, quoi qu'en dise Henckel, les
essais qui en ont été faits jusqu'ici
par les expériences ordinaires avec
les Acides, n'y ont fait découvrir aucun principe vraiment salin ou alcalin, ni une vraie Terre calcaire &
pure. Il paroît par conséquent, que
cet Auteur n'a voulu parler que d'une
substance alcaline, saline & calcaire, cachée dans la mixtion de ces
Pierres. Wallerius pense que le Spath
contient une substance alcaline, semblable à celle qui se trouve dans le
Sel marin ; & il ajoute qu'on la découvre par la distillation de cette
Pierre ; mais ce sentiment n'est pas
plus soutenable que celui de M. Henckel. Il ne nous reste donc qu'à voir
ce que les expériences nous appren-
nent là-dessus. La différence du Spath

& du Quartz, est très-sensible. Ce dernier donne des étincelles lorsqu'on le frape avec de l'Acier, au lieu que le Spath ne fait point la même chose: mais il est bon d'observer que je parle du Spath pur ; car il se trouve souvent une espéce de Spath entremêlé de Quartz, qui, par conséquent, peut faire feu avec l'Acier, & auquel Wallerius donne pour cette raison le nom de *Spathum Pyrimachum*. On prétend qu'ordinairement il se divise en morceaux cubiques, unis & équilatéraux ; que sa surface est unie, & qu'on peut le distinguer ainsi du Quartz. A un feu ouvert & médiocre, le Spath fait un petit bruit, & se casse en petits morceaux. Le Quartz au contraire ne se brise point, quand il est exposé à l'action du même feu, & conserve la propriété de faire des étincelles avec l'Acier. Il y a des Auteurs qui soupçonnent quelque chose d'arsénical dans le Spath. Je n'y ai rien découvert de pareil, lorsque j'en ai voulu faire la sublimation ; cependant on est, en quelque façon, forcé d'y soupçonner quelque principe minéral ; & il semble que c'est-là ce qui cause non-seulement la grande pesanteur qui distingue le Spath du Quartz, & de la plupart des autres Pierres, mais encore la grande facilité avec laquelle il rend la plupart des corps fusibles au feu. J'ai quelquefois mêlé & fondu le Spath avec du Marbre blanc, & j'en ai retiré quelques grains de Plomb : mais cette expérience ne m'a pas toujours réussi ; peut-être la violence du feu avoit-elle brulé, détruit, ou changé en Verre la petite portion métallique, toutes les fois que le succès de l'expérience n'a pas répondu à mon attente. Cependant je n'ai jamais découvert aucun vestige d'un Régule métallique, quand après avoir fondu le Spath avec du Flux noir, j'ai tâché d'en faire la précipitation par le moyen de la limaille de Fer. Voici une expérience qui prouve qu'il contient une Terre colorante, lors même qu'il est extrêmement blanc. En faisant fondre ensemble deux onces de Spath, six dragmes de Salpêtre, & autant de Borax calciné, on ob-

tient un Verre tendre qui eſt verdâtre, & qui ne fait point feu avec
l'Acier. Or, s'il y avoit dans le Spath
une Terre quartzeuſe toute pure, il
faudroit que le Verre produit par
ce mélange, fût tranſparent, & ſans
aucune couleur. Cette Terre colorante tire donc quelques-uns de ſes
degrés de la ſubſtance huileuſe que
les Sels alcalis contiennent; c'eſt pour
cela que, quand on fait fondre trois
parties de Spath, avec une partie de
Sel alcali bien pur, il ſe forme une
Scorie noirâtre & ſpongieuſe, qui
reſſemble à l'Agathe, dont la couleur griſe tire ſur le noir, & qui fait
feu très-aiſément avec l'Acier; &
même, ſi on fait fondre une partie
de ce même Spath, avec trois parties de Sel alcali pur, on obtient une
maſſe tout-à-fait noirâtre. C'eſt par
cette raiſon que le Spath n'eſt nullement propre à entrer dans la préparation du Bleu, que l'on appelle
Senalte, *Saffre*, ou *Bleu d'Email*; parcequ'avec le Cobalt calciné, il fait un
Verre d'une couleur verte très-fon-
cée. Le Quartz, au contraire, eſt

beaucoup plus propre à cet usage ;
car en le mêlant avec le Cobalt, on
produit un Verre d'un beau bleu clair.
Quand on fait fondre ensemble de
la Craye & du Spath fusible avec
du Cobalt calciné, la masse produite
par ce mélange est verte, & non
pas bleue, comme il arrive, lorsqu'au lieu du Spath, on y a fait entrer du Quartz ou du Caillou. Il faut
donc nécessairement que le Spath
contienne une Terre qui soit propre
à colorer en jaune, & qui se mêlant
intimement avec le bleu, donne une
couleur verte. Il faut encore remarquer que dans un grand nombre d'autres compositions, le Spath produit
du noir.

Je trouve que plusieurs Auteurs
prétendent que le Spath fusible se
fond & devient fluide, sans qu'il
soit besoin d'y joindre des Sels, ou
quelqu'autre fondant. Boot dit même, que *cette Pierre mise au feu,
y devient liquide comme de l'eau* :
mais cela ne s'accorde pas avec mes
expériences. Le feu en fait une masse,
mais ne la met point en fusion dans

des creufets fermés. J'ai même trouvé que le Quartz, traité au même feu, a formé une maffe beaucoup plus liée. Quoique les Spaths colorés contiennent une plus grande abondance de Terre colorante & métallique que les autres, ils ne font pas pour cela plus propres à se fondre par eux-mêmes. J'ai expofé à l'action du feu le plus violent, du Spath violet & du Spath verd ; mais au lieu d'entrer en fufion, ils se décompofoient, devenoient tendres, friables, tranfparens, & perdoient toute leur couleur. On voit par ces expériences, qu'un feu fi vif en fait partir la fubftance colorante qu'ils contiennent. Mais, quoiqu'il foit certain que le Spath n'entre pas en fufion par lui-même, il a pourtant la propriété particuliére, lorfqu'on le mêle avec prefque toutes les autres Terres & Pierres les moins fufibles par elles-mêmes, & les plus réfractaires, de leur communiquer une fufibilité étonnante. Il ne faut excepter du nombre de ces Terres & de ces Pierres, que les Cailloux purs. Dans ma Lithogéo-

gnosie, j'ai principalement parlé de
sa fusibilité dans les mélanges avec
la Craye, ou quelqu'autre Pierre calcaire. Le Quartz au contraire, mêlé
avec la Craye dans les mêmes proportions, & exposé au même feu,
n'entre nullement en fusion, mais y
devient une masse friable & cassante.
Il y a long-tems que l'expérience à
fait connoître cette propriété du
Spath aux Métallurgistes, & qu'elle
leur a donné lieu d'inventer la maniére avantageuse dont ils l'emploient
aujourd'hui dans la fusion des Miné-
rais réfractaires. L'Ardoise cuivreuse,
par exemple, à cause de la petite
portion de Cuivre qu'elle contient,
& de la quantité surabondante de
Terre qu'on ne peut point, sans
perte, en séparer par le lavage,
résiste très-opiniâtrément à la fonte
& à la séparation du Métal ; mais
quand on y joint des Spaths fusibles,
elle entre très-aisément en fusion.
C'est ce qui a fait remarquer à Boot,
que la plus grande utilité qu'on en
puisse tirer, consiste en ce qu'elles
facilitent beaucoup la fusion des Mé-

taux. Et à la *p.* 37 du *Henckelius redi-*
vivus, on observe, *que tous les Spaths*
fusibles blancs, gris, noirs, jaunes,
rouges, verds ou bleus, qui souvent
accompagnent en grande quantité les
Mines de Cuivre, d'Etain, de Plomb
& d'Argent, sont très-avantageux pour
ceux qui exploitent les Mines, parce-
que les Mines auxquelles ils se trouvent
mêlés, contenant déja leur fondant,
n'ont pas besoin d'être lavées. On ajoute
dans le même Ouvrage, *que dans le*
voisinage de quelques Mines de Fer, il
se trouve une espéce de Pierre noirâtre,
qui se fond avec beaucoup de facilité,
& dont on fabrique des Boutons au pays
de Bareuth, ce qui lui a fait donner
le nom de *Knopffstein,* ou *Pierre à*
Boutons. Quand on mêle le Spath
avec des Métaux durs, purs, ou qui
ont été déja fondus, il produit un
effet tout différent : alors il s'oppose
à leur fusibilité d'une maniére très-
fensible. Concluons donc de-là, que
la Pierre, ou la Terre avec laquelle
le Métal est entremêlé dans sa mi-
niére, contribue à la fusibilité de la
masse, par sa réaction sur le Spath.

Plus les Métaux sont fusibles par eux-mêmes, moins il est nécessaire de leur joindre de Spath. Il faut cependant encore remarquer, qu'en mêlant, & en fondant le Spath avec deux ou trois fois son poids de Litarge, on obtient un Verre très-fusible par lui-même, & qui communique sa fusibilité à d'autres corps non fusibles.

L'ordre des choses auroit encore demandé, que parmi les espèces du Spath, notre Auteur eût rapporté les Spaths fusibles colorés, tels que la fausse Améthyste, la fausse Emeraude, &c. mais je me réserve d'en faire l'examen dans la suite de ce Traité.

C'est conformément au sentiment de Henckel que nous mettons ici la Pierre de Bologne au nombre des espéces particuliéres de Spaths fusibles. Ce sçavant Minéralogiste fonde son sentiment sur la pesanteur de la Pierre, qui, à ce que l'on dit, est égale à celle du Spath. Il seroit peut-être difficile de prouver ce fait; mais en le supposant vrai, la question ne seroit pas entiérement décidée pour

Pierre de Bologne.

cela. Comme la plupart des Spaths colorés jettent, après avoir été préparés par le feu, une lumiére semblable à celle de la Pierre de Bologne, cette reffemblance a principalement donné lieu de conjecturer que cette Pierre devoit être une efpéce de Spath ; mais cette raifon n'eft pas plus décifive que l'égalité de leur poids, fans parler de la maniére de les préparer, qui eft entiérement différente. Le nombre des Auteurs qui ont écrit & raifonné fur la Pierre de Bologne, eft affez grand ; mais on ne voit pas dans leurs Ecrits, qu'ils aient réellement connu la nature & les vraies propriétés de la Terre qui en fait la bafe. Konig l'appelle *une efpéce de Sable fubalterne.* Lemery dit, *que la calcination la change en Chaux vive.* Le *Mufæum de Valentini* la met au nombre des Cailloux. C'eft ainfi que les fentimens font partagés fur la Terre qui en eft la bafe. Le Docteur Meuzel, qui a fait un long féjour dans le pays où on trouve la Pierre de Bologne, l'appelle, en termes formels, une Pierre gypfeufe, & remarque fort bien que tous les environs font remplis de montagnes de Gypfe ; & que cette Pierre montre, quand elle eft taillée, qu'elle eft compofée de lames & de feuilles qui peuvent fe détacher. C'eft par ces mêmes raifons que Wallerius la met au nombre des Pierres gyp-feufes, & il eft certain que lui & Meuzel ont beaucoup plus approché de la vérité que les autres. Mais je ne trouve pas que Wallerius foit fon-dé à dire, que *cette Pierre fait avec tous les Acides une effervefcence ac-compagnée d'une odeur défagréable.* Ce fait s'accorde, à la vérité, avec ce-lui qui eft rapporté à la *page* 186 *des Commentaires de l'Académie de Bolo-gne,* où il eft dit, *qu'après que cette Pierre a été calcinée, fa folution pré-cipite le Mercure fublimé en une cou-leur noire ; qu'elle produit le même effet fur les folutions du Plomb, de l'Argent & du Vitriol ; qu'elle fait effervefcence avec tous les Acides, & qu'elle ref-femble, par fon odeur, auffi-bien que par fon goût, à la folution de l'Orpiment fait avec de l'Eau de Chaux.* D'où l'on

a conclu, dans ces mêmes Commentaires, avec trop de précipitation,
que cette Pierre contient une substance arsénicale ; mais on n'en peut donner de preuves, au lieu qu'il est constant que tout Gypse, lorsqu'il a été
bien calciné, rend une odeur & un
goût d'œufs pourris, lorsqu'on vient
à le détremper dans de l'Eau. D'un
autre côté, comme cette Pierre ne
fait point d'effervescence avec les
Acides, il est évident qu'on ne peut
la mettre au rang des Pierres calcaires. Elle n'appartient pas non plus
à la classe des Cailloux ; car elle ne
donne point d'étincelles, lorsqu'on
la frape avec de l'Acier : elle est même plus tendre que la plupart des
Spaths ; & dans l'état où la Nature
nous la présente, on peut aisément en
détacher quelques parcelles avec les
ongles. Calcinée à un feu modéré,
elle devient cassante, & se brise en
petits morceaux, est assez friable ;
mais dans l'endroit de la fracture,
elle conserve son brillant beaucoup
mieux que le Gypse. Elle se décom-
pose dans un feu violent, & perd sa

liaison, de façon qu'elle devient affez femblable à du Gypfe blanc, &
peut aifément être pulvérifée dans
un mortier, ou, de même que quelques Afbeftes, être réduite en poudre
entre les doigts. Mais la preuve la
plus certaine que la Pierre de Bologne n'eft point un Spath fufible,
c'eft qu'au lieu d'entrer en fufion,
lorfqu'on la mêle avec de la Craye
ou du Marbre, il ne refte qu'une matiére caffante, friable, & peu compacte. Quand on mêle la Pierre de
Bologne avec une égale partie de véritable Spath fufible, la maffe devient fufible. Or, jamais un vrai
Spath, mêlé avec un autre Spath,
n'entrera en fufion, ni ne fouffrira
d'altération. La maffe ainfi fondue
eft un peu plus fpongieufe & moins
fufible que celle où l'on fait entrer
le Gypfe ordinaire. Celui-ci, employé dans la même dôfe que la Pierre de Bologne, devient un peu plus
denfe & compacte par la fufion. Deux
parties de Pierre de Bologne calcinée, mêlées avec une partie de Spath
fufible, ont formé dans la fufion une

maſſe blanchâtre ; au lieu que l'Albâtre, employé dans la même proportion avec le Spath, a donné un
Verre tanſparent de couleur jaune.
Je dois encore rapporter ici l'expérience de Scheuchzer, par laquelle
il paroît *que la Pierre de Bologne ne
ſe fond pas par elle-même*. Cet Auteur ajoute, *qu'elle devient fuſible,
quand elle eſt mêlée avec ſon Androdamas phoſphorique*, qui n'eſt autre choſe
qu'une eſpéce de Spath fuſible. Lorſque je mêlai la Pierre de Bologne
avec parties égales de Craye & de
Spath fuſible, le mélange ſe fondit,
& forma une maſſe de couleur griſe.
Enfin, quand on a mis la Pierre de
Bologne avec portion égale de Borax
calciné, ſi on expoſe ce mélange au
feu, d'abord il commence par donner de l'écume, & ſe gonfler conſi-
dérablement ; (c'eſt par cette raiſon
qu'il faut, ou ſe ſervir d'un creuſet
bien ample, ou n'y mettre qu'une
petite portion de matiére à la fois),
la maſſe retombe enſuite au fond, &
forme un Verre jaune très-brillant,
couvert par en haut d'une croûte

blanche. Les expériences font voir
que la Pierre de Bologne est une espéce de Gypse, ou qu'elle tient, pour
ainsi dire, le milieu entre le Gypse
& l'Asbeste. Mais ce qu'il y a de
plus singulier dans cette Pierre, c'est
qu'elle a une grande quantité d'un
principe sulphureux ; & Wedel a déja
remarqué, que de l'Argent qui s'é-
toit trouvé dans une armoire pendant
long tems à côté d'une Pierre de
Bologne, étoit devenu noir, de la
même façon que s'il s'étoit trouvé à
côté du Soufre, qui, comme on
sçait, produit cet effet. C'est de ce
principe qu'il faut déduire la vertu
épilatoire qu'elle a après avoir été
calcinée, son odeur & son goût dé-
sagréables, sa propriété de précipi-
ter le Mercure sublimé, le Plomb,
l'Argent, le Vitriol, & enfin ses propriétés phosporiques.

Cependant ces sortes de Gypses ne
sont pas les seules Pierres auxquelles
il s'attache une pareille matiére subtile, sulphureuse ou lumineuse ; elle
s'unit aussi à d'autres Pierres, quoique la combinaison se fasse de diffé-

rentes maniéres. Auffi font-ce ces différentes combinaifons qui ont fuggéré différens moyens de rendre fenfible cette matiére lumineufe ; mais tous reviennent à une efpéce de mouvement ; & il n'y a de la différence que dans la maniére de le procurer : c'est ordinairement par le frottement ou la trituration, ou la chaleur, que l'on excite ce mouvement. Parmi les Pierres qui deviennent lumineufes par le frottement, M. Hoffmann diftingue fur-tout, à la *page 301 de la Ve. Partie du Magafin de Hambourg*, la Blende rouge, & les Spaths fufibles colorés. Il dit qu'en les écrafant dans un mortier, en un endroit obfcur, ou en les frottant feulement avec rapidité & avec force contre un poële de Faïance ou de Fer, froid ou échauffé, ou même contre tout autre corps dur & rude, ou en raclant un peu fort avec un couteau, ou avec des cifeaux, ou en les battant avec le briquet, elles deviennent lumineufes, & confervent, pour quelque tems, une trace de lumiére. Toutes ces obfervations font fort exactes,

exactes, & je n'ai que quelques remarques à y ajouter. Le frottement
de la Blende & des Fluors, qui se
fait dans un mortier de verre, produit le plus difficilement l'effet de-
siré. La maniére la plus prompte de
rendre ces Pierres lumineuses, c'est
de fraper & de frotter rapidement,
& dans un endroit obscur, deux
morceaux de la même Pierre de Spath
fusible, par exemple, l'une contre
l'autre, ou de fraper ces mêmes
Pierres avec de l'Acier. Ce phénoméne s'observe avec les Spaths fusibles blancs, aussi-bien qu'avec ceux
qui sont colorés ; mais ceux dont la
couleur est tout-à-fait obscure &
foncée, comme celle de la fausse
Améthyste de Bach, ne sont que
peu, ou point du tout, propres à
produire de la lumiére. Il en est de
même de tous les Spaths alcalins, de
tous les Marbres, & de tous les Gypses. Les Pierres, qui sont encore plus
dures que les Spaths fusibles, & qui
ont quelque transparence, sont aussi
plus phosphoriques. C'est par cette
raison qu'un Spath, qui tient de la

G

nature du Quartz, étant traité de la façon que j'ai dit, devient plus lumineux & plus promptement qu'un autre Spath, & qu'un Quartz pur jette une lumiére encore plus vive. On obſerve la même choſe dans les Cailloux & Pierres à Fuſil pures. Mais plus le Quartz, les Cailloux, les Pierres à Fuſil ſont obſcurs ou chargés de couleur, plus leur lumiére eſt foible. *La même choſe arrive avec les* (*Druſen*) Cryſtaux compactes, & même la vraie Porcelaine, & une infinité d'autres compoſitions artificielles. Deux Agathes, frottées l'une contre l'autre, produiſent de la lumiére abondamment. Deux morceaux de Jaſpe, traités de la même façon, deviennent moins lumineux. Au reſte, ce phénomène concourt encore à prouver, que les Spaths fuſibles participent ſenſiblement de la Terre du Caillou.

Pierres qui deviennent phosphoriques par la chaleur. Parmi les Pierres qui miſes en un certain mouvement par la chaleur deviennent lumineuſes, on connoît aſſez les différentes eſpéces de Spaths fuſibles colorés, qui reſſemblent aux

Emeraudes, aux Saphirs, aux To-
pafes, aux Améthyftes, &c. C'eft
par cette raifon qu'on leur donne le
nom de *Pfeudo-Smaragdi, fauffes Emeraudes, &c.* Il y en a quelques-unes
d'affez compactes; d'autres font grai-
nelées, d'autres font feuilletées, &c.
Elles ont tantôt plus, tantôt moins
de tranfparence. Il y en a de violettes,
de bleues, de vertes, de jaunes, de
brunes, &c. & on les trouve en affez
grande quantité dans les Mines de
Saxe, dans celles du Hartz, & dans
plufieurs autres endroits. Si, quand
on les a concaffées, ou réduites en
une poudre groffiére, on les met fur
une plaque de Fer ou de Cuivre, ou
fur un morceau de Brique ou de Tuile
qu'on place fur des charbons ardens;
ou, fi l'on en frotte un poële de Fer
jufqu'à ce qu'elles s'y échauffent à un
certain point, elles jettent en peu de
tems une lumiére ou lueur blanche
qui tire fur le bleu, qui dure affez
long-tems, & qui continue, tant que
l'on a foin de leur donner le même
degré de chaleur. C'eft cette même
expérience, qui, comme le remar-

que l'illuftre Stahl , à la *page 265*
de fes *Réflexions fur le Soufre* , fait
le *Hefperus Baldicmi*. Les Cryftaux
qui fe tirent des Mines d'Etain & d'autres , deviennent lumineux , quand ,
après avoir été pulvérifés grofliére-
ment , on les échauffe au point de les
faire devenir prefque rouges. Mais
il ne faut pas qu'ils rougiffent tout-
à-fait ; car un feu affez violent pour
les faire rougir entiérement , feroit
capable de chaffer la fubftance qui
produit cette couleur & cette lumiére : les Pierres cefferoient d'être lumineufes, & deviendroient d'une couleur opaque & laiteufe. La même
expérience peut encore fe faire d'une
maniére beaucoup plus courte. Il n'y
a qu'à jetter ces Pierres , après les
avoir pulvérifées , fur des charbons
ardens , en un inftant elles devien-
dront lumineufes , & jetteront des
étincelles. On trouve dans notre voifinage une grande quantité de ces
Fluors , ou Cryftaux de Spath , de
couleur verte , près de Strafberg , au
Comté de Holberg , dans la plaine
qui eft près de Quedlimbourg , près

de Suhle en Thuringe, & en plusieurs
autres endroits. Keißler rapporte, à
la *page 1240 du II. Tome de ses Voya-*
ges, que les environs de Bach, qui
est à trois milles de Ratisbonne, four-
nissent des Fluors, ou faußes Amé-
thystes, de la même espéce. Il parle
au même endroit d'une Pierre talqueuse qui se trouve près de Berne,
& dont la couleur est d'un jaune verd
& blanchâtre : mais cette derniére
espéce de Pierre ne peut point être
mise au nombre des Talcs, elle appartient plutôt à la classe des Crystaux, ou Fluors de Spath. Henckel
prétend, à la *page 599 de ses Opus-*
cules Minéralogiques, que les Fluors,
ou Crystaux de Spath colorés, qui
deviennent lumineux quand ils sont
échauffés, contiennent une substance
saline, parceque, pour les faire entrer en fusion, il n'est pas besoin de
leur joindre du Sel. Mais je ne trouve
pas que ce sentiment soit conforme
à la vérité : car, comme je l'ai déja
remarqué à l'occasion d'une expérience que j'ai faite avec la fausse Améthyste, & la fausse Emeraude, il m'a

G iij

été impoſſible de les faire fondre à un feu très-violent. Cependant des expériences réitérées m'ont fait voir, que non-seulement les Cryſtaux de Spath, qui imitent les Pierres précieuſes, mais encore ceux qui ont une couleur d'eau ou de lait, ou qui ſont blancs & tranſparens, ſont phoſphore de la même façon, quand ils ſont échauffés de la même maniére. On voit par-là que le nombre des expériences phoſphoriques eſt augmenté très-conſiédrablement.

Keisſler rapporte, à l'endroit que je viens de citer, *que la propriété phoſphorique s'obſerve encore dans un Talc, ou Glacies Mariæ, mêlangé, qui ſe trouve dans la Carriére de Kenden près de Hanovre, & qui, quand on le caſſe, ſe diviſe en morceaux cubiques, ou en rhomboïdes. Cette Pierre, ajoute-t-il, étant ſur une pelle de Fer rouge, jette une lumiére ou lueur d'un blanc qui tire ſur le jaune; au lieu que le vrai Talc, ou Glacies Mariæ, traité de la même maniére, ne produit qu'une lueur foible & toute blanche.* Quelques-uns de mes amis m'ont procuré du même endroit différentes espéces de cette Pierre. Elles font plus blanches les unes que les autres : il y en a de tranſparentes comme de l'eau ; mais elles font ordinairement jaunâtres. J'ai trouvé que l'expérience rapportée par Keiſsler réuſſit au mieux ; mais ce n'eſt pas caractériſer cette Pierre conformément à ſa nature, que de lui donner le nom d'un Talc, ou *Glacies Mariæ*. Elle fait une efferveſcence trèsprompte avec tous les Acides : elle ſe réduit, par l'action du feu, en une Chaux blanche ; & l'endroit d'où elle ſe tire, étant, outre cela, une carriére de Pierres à Chaux ; il eſt évident que l'on doit plutôt la mettre au nombre des Spaths calcaires : auſſi, ai-je trouvé par la ſuite un ſemblable Spath alcalin & tranſparent, dans les montagnes de Ruderſdorff, d'où nous tirons des Pierres à Chaux. Il ſe forme, ſans doute, dans les creux de ces montagnes, par une eſpéce d'efferveſcence ; & il eſt à préſumer que toutes choſes égales, il doit s'en trouver dans pluſieurs autres carriéres de Pierres à Chaux. La

propriété phosphorique s'étant ma-
nifestée dans ce Fossile, il étoit nécessaire d'examiner si elle lui appartenoit en propre, ou si elle lui étoit
commune avec toutes les Pierres de
sa classe. J'examinai donc toutes les
espéces de Spaths alcalins ou calcaires
que j'avois : je leur donnai à toutes
le même degré de chaleur, & je vis,
avec étonnement, que les Spaths colorés, aussi-bien que les non-colorés,
devinrent également lumineux. Il
faut cependant remarquer qu'il y a
une différence ; & qu'au lieu que les
Fluors, ou Crystaux de Spath, jettent une lumiére bleuâtre, les Spaths
calcaires en donnent une qui est d'un
blanc tirant sur le jaune. Quant au
véritable Talc, ou *Glacies Mariæ*,
auquel Keissler attribue la vertu de
faire phosphore, je ne lui ai jamais
pu découvrir cette propriété. Cependant les autres expériences m'ayant
d'ailleurs si bien réussi, je ne pus par
m'empêcher d'examiner à cette occasion plusieurs autres Pierres qui se
trouverent alors sous ma main, rela-
tivement à la propriété phosphori-

que ; & voici ce que j'obſervai.

Le Spath calcaire de Hanovre, dont je viens de parler, celui de Ruderſdorff, le Spath alcalin de Haſſerode, un autre qui ſe trouve dans les Mines de la Saxe, & le Cryſtal d'Iſlande, non-ſeulement celui qui eſt clair & tranſparent, mais encore le jaune, produiſent une lumiére jaunâtre. Les fauſſes Améthyſtes, les fauſſes Emeraudes, & le Fluor ſpathique de Bach, (ce dernier éclate bien vîte en morceaux), donnent une lumiére d'un beau bleu foncé. Le *Lapis Armenius* jette auſſi une lumiére bleue, qui eſt très-belle. Les Marbres blancs & colorés, la Craye, & notre Pierre à Chaux de Ruderſdorff, ſont auſſi phoſphoriques ; mais à un degré un peu inférieur à celui des Pierres dont je viens de parler. Mais une preuve que toutes les Pierres alcalines ne ſont point phoſphoriques, c'eſt que la Stalactite opaque ou tranſparente, la Bélemnite, la Corne de Cerf, &c. ne deviennent point lumineuſes. Parmi les Argiles & les Bols blancs, auſſi-bien que

les colorés, cruds & calcinés, il n'y
en a point qui devienne lumineux.
Nos Gypſes blancs, jaunes, ou gris
de Speremberg ; les Albâtres, le *Glacies Mariæ*, ceux qui ſont blancs
comme des Cryſtaux, les jaunes,
l'Alun de plume, tant celui qui eſt
mur que celui qui ne l'eſt point, ne
ſont pas plus phoſphoriques que les
Argiles & les Bols. Parmi les Pierres
& les Terres du genre des Cailloux,
je trouve que le Sable jaune & blanc,
les Cailloux les plus purs, les Pierres
à Fuſil colorées de différentes façons,
le Cryſtal de roche, le Cryſtal brun
& noirâtre, le Quartz aqueux, pur
& tranſparent, toutes les eſpéces de
Jaſpes, de quelque couleur qu'ils
ſoient, & même le verd, le Lapis
Lazuli, les Ardoiſes fuſibles, & les
Baſaltes de Stolpe, ſe refuſent à ces
expériences, & ne deviennent point
lumineux : cependant ils ne ſont pas
entiérement privés de cette propriété. La Pierre de Bologne, par exemple, fait phoſphore, quand on lui
communique le dégré de chaleur que
ces expériences demandent ordinai-

rement ; mais, quand la chaleur eſt trop long-tems continuée, elle éclate en morceaux, & ces morceaux perdent alors la propriété lumineuſe, quoique d'ailleurs ils gardent leur brillant à l'extérieur. La Topaſe de Saxe jette une lumiére merveilleuſe, ſurtout quand elle a été pulvériſée auparavant ; & il eſt très-remarquable que cet effet ſe produit toujours, quand même on auroit rougi cette Pierre à pluſieurs repriſes, & qu'on en auroit fait à chaque fois l'extinction dans de l'Eau froide.

Parmi les Quartz d'une couleur laiteuſe, j'ai trouvé pluſieurs eſpéces qui donnent une lumiére très-éclatante. Parmi les Cailloux des champs même, & parmi ceux que j'ai tirés du limon, j'en ai rencontré qui ont produit le même effet. Le Docteur Beccari à Bologne, a beaucoup travaillé pour augmenter le nombre des Phoſphores ; mais en traitant de ceux dont la lumiére eſt dévelopée par la chaleur, il n'en donne que deux exemples ; ſçavoir, l'Emeraude & le *Lapis Cyaneus*, ou la Pierre d'azur. Il

G vj

entend, sans doute par-là, les Spaths fusibles verdâtres & la Pierre d'Arménie. Les expériences que je viens de rapporter, rendront ces derniers Phosphores beaucoup plus communs. On auroit tort d'imaginer que ces recherches n'aboutissent qu'à satisfaire une simple curiosité : leur utilité physique est très-réelle. Cette propriété phosphorique, si facile à produire, doit être mise au nombre des signes auxquels on reconnoît le plus promptement les Spaths fusibles ; c'est-à-dire, que quand une Pierre ne fait pas d'effervescence avec les Acides, la lumiére phosphorique indique, non-seulement les Pierres qui sont pures, mais encore celles qui sont mêlées de Caillou ou de Quartz ; de sorte que l'on peut conclure, avec une certitude entiére, que tous Cailloux & Quartz, qui deviennent lumineux au même degré de chaleur que les Spaths, ne contiennent pas des parties pures de Caillou, mais sont mêlés avec des Spaths fusibles ; & il n'est point douteux que ce principe, une fois reconnu, ne puisse être appliqué avec beaucoup d'utilité dans l'art de la Verrerie, & dans la Métallurgie, pour le traitement des Minerais réfractaires. Je me flate qu'après les observations & les expériences que je viens de rapporter, quiconque voudroit l'entreprendre, trouveroit beaucoup de facilité à fournir la carriére que je viens d'ouvrir pour la découverte des Phosphores.

Notre Auteur met encore l'*Androdamas* au nombre des Spaths fusibles; & il dit, qu'il est plus compacte que les autres Pierres de la même espéce; & que c'est pour cette raison qu'il se casse toujours en rhomboïdes. Pline qui, de tous les Auteurs qui sont parvenus jusqu'à nous, est le premier qui en fasse mention, rapporte qu'un Auteur très-ancien, nommé *Sotacus*, avoit dit que l'*Androdamas est noir, pesant & très-dur; que c'est de ces propriétés qu'il a tiré son nom; qu'il se trouve principalement en Afrique; qu'il attire l'argent, le cuivre & le fer; que l'on peut en faire l'essai sur la pierre à aiguiser*

faite avec le Lapis Basanites, parce-
qu'il en sort un suc ou une matiere co-
lorante, qui est un remede excellent
contre les maladies du foye. Dans un autre endroit, Pline dit, en parlant de
cette même Pierre, *qu'elle a le bril-*
lant de l'argent ; qu'elle ressemble à un
diamant quadrangulaire ; qu'elle est
toujours en rhomboïde ; qu'on lui a don-
né le nom qu'elle porte, parcequ'elle a
la vertu de modérer la colere. Boot,
Saumaise, & Laët ont tenté inutile-
ment d'expliquer ce passage, ce qui
n'a pas empêché Scheuchzer d'entreprendre de l'éclaircir dans un
Commentaire fort long ; mais il y
passe entiérement sous silence sa couleur noire & sa grande dureté, parceque ces propriétés ne s'accordent
pas avec son hypothèse ; & il décide
enfin que toutes les espéces de Pierres qui se divisent en rhomboïdes
sont des *Androdamas.* Quand Pline
dit, *qu'il attire l'argent, le fer & le*
cuivre, Scheuchzer croit que c'est
parcequ'on l'emploie comme un
fondant dans la fusion des minerais
d'argent. Je ne veux point discuter

ici de quel droit on peut ne faire mention que des choſes qui peuvent favoriſer nos opinions, & ſupprimer celles qui ne s'accordent point avec elles ; mais je ne puis m'empêcher de remarquer, que le même Auteur ſe contredit dans un autre endroit ; car, à la *page 139. du troiſième Tome de ſon Orictograph. Helvet.* il regarde cette même Pierre comme *une eſpéce de Selenite, ou de Pierre Spéculaire, ou de Talc* ; & prétend avec M. Bruckmann, dans ſes *Lettres itinéraires, que l'Androdamas eſt un Talc, tantôt plus, tantôt moins tranſparent* ; cependant le Talc ne s'emploie nulle part que je ſçache, comme un Fondant propre à faciliter la fuſion des mines. Wallerius, dans ſa Minéralogie que j'ai déja citée, met l'*Androdamas* au nombre des Spaths alcalins ; & il dit, *que c'eſt le Spath tranſparent qui fait paroître les objets doubles, ou le Cryſtal d'Iſlande, l'Androdamas, le Talc de la Hire qui, lorſqu'on le fait rougir dans un creuſet, ſe caſſe en rhomboïdes, devient lumineux dans l'obſcurité, & répand une odeur ſulfureuſe très-forte.* Quand Scheuchzer fait, à l'endroit que j'ai déja cité, l'énumération de plusieurs espéces d'*Androdamas*, il range sous la même espéce le Cryſtal d'Iſlande, ou le *Cryſtal rhomboïdal de Bartholin*, quoiqu'il ſoit conſtant, qu'à proprement parler, c'eſt une Pierre alcaline. Je ne diſpute pas à un Phyſicien ſuperficiel & à un Critique qui ne s'arrête qu'aux mots, la liberté de donner le nom d'*Androdamas* à toutes les espéces de Pierres qui ſe diviſent en rhomboïdes ; mais je ne crois point que cela ſoit permis à ceux qui fondés ſur les principes d'une Phyſique réelle, veulent diſtribuer en claſſes les Pierres, ſelon leurs mixtions intérieures ; en effet, la figure extérieure peut être la même dans pluſieurs espéces de Pierres, qui different d'ailleurs extrêmement les unes des autres. Il eſt certain, que parmi les Pierres calcaires, le Cryſtal d'Iſlande, le Spath de Hanovre & pluſieurs Spaths alcalins qui ſe trouvent dans les mines, affectent les mêmes figures en ſe briſant : mais l'Androdamas phoſphorique & pyramidal de la Suiſſe, & pluſieurs autres Pierres ſemblables ne ſont point des Spaths calcaires, mais ſont des Fluors ou Cryſtaux de Spath. Il ſe trouve *à la page 537. du Tome XXV. des Recueils de Breſlau*, une Lettre de Scheuchzer ſur les *Androdamas* de la Suiſſe, dans laquelle il dit, *qu'à la flamme d'une chandelle, il ſe fait des fentes dans cette Pierre; qu'elle ſe caſſe en pyramides triangulaires, octogones, &c, mais qu'enſuite elle répand une lumière bleue dans l'obſcurité & une odeur ſulfureuſe; qu'il vaut mieux de faire rougir cette Pierre dans un creuſet, & de la porter enſuite dans un endroit obſcur; qu'éteinte dans de l'eau elle ſe gerſe davantage; que rougie dans un creuſet elle devient plus transparente; que celle qui eſt de couleur d'Emeraude devient plus lumineuſe que les autres; qu'elle ne ſe fond ni par elle-même, ni avec le ſel de Verre; mais que mêlée avec la Pierre de Bologne, elle devient fuſible dans un creuſet, & qu'enſuite elle fait un Phoſphore ſolide, qui luit quand il eſt expoſé à l'air libre; qu'elle prend la couleur de l'Orpiment mêlé avec du Soufre pulvérisé (de la même façon que Néri rapporte dans son Art de la Verrerie, l'expérience avec le Cryftal de roche,) que mife dans une cuilliere de fer & tenue fur un feu violent, elle fe teint de différentes couleurs; qu'elle peut être rougie plufieurs fois, avant que de perdre entiérement fa lumiére; mais qu'à chaque fois il faut un feu plus fort; & qu'à chaque fois fa lumiére diminue; que cette Pierre conferve fa lumiére pendant un certain tems, quand elle eft mife dans l'eau bouillante, ce que ne fait pas le Verre: enfin, que deux morceaux frottés l'un contre l'autre luifent dans l'obfcurité.* En comparant toutes ces expériences avec les phénomenes qui s'obfervent dans le Spath fufible verdâtre, ou dans la fauffe Emeraude, on trouvera aifément qu'il y a une reffemblance exacte entre l'un & l'autre. N'ayant pu obtenir d'un de mes amis qu'un très-petit morceau de cette Pierre de la Suiffe, il n'a pas pu fournir à un grand nombre d'expériences; cependant j'ai obfervé les Phénomenes fuivans: fa couleur tire beaucoup fur le

verd ; elle ne fait point d'effervefcence avec les Acides : on n'en tire point
d'étincelles, lorfqu'on la frape avec
l'Acier : elle eft très-facile à divifer &
à pulvérifer ; lorfqu'on la fait rougir
médiocrement, elle perd toute fa
couleur verte, devient tout à la fois
tranfparente & ne fe change pas en
plâtre ; enfin, ce qui eft le principal, fi on la mêle avec de la Craye,
& qu'on l'expofe à un grand feu,
elle devient fi fufible qu'elle endom-
mage le creufet même & le perce
très-promptement. C'eft ici qu'il faut
encore rapporter une circonftance
que Scheuchzer obferve à l'endroit
que nous venons de citer : c'eft que
cette Pierre ne fe fond pas par elle-
même, mais qu'elle devient fluide
au creufet, quand elle eft mêlée avec
la Pierre de Bologne. Cette circonftance fait voir en même tems, que la
Pierre de Bologne n'eft point un
Spath fufible ; car fi elle l'étoit, elle
ne fe fondroit point avec une Pierre
de fon efpéce.

Tant que nous manquerons d'expériences fatisfaifantes, nous n'au-

Waaeken.

rons point de raiſons de dire, que les *waacken*, où la Pierre de roche groſ-ſiére, contiennent ordinairement du Spath fuſible, ou que l'on y obſerve des propriétés d'un Spath, c'eſt-à-dire, que, conformément à mes expériences, cette Pierre devient lumineuſe par la chaleur dans un endroit obſcur, comme il arrive au Spath, & qu'elle entre en fuſion comme lui avec des Terres gypſeuſes, calcaires & argileuſes. Il n'y a rien qui nous oblige d'admettre en Phyſique des opinions deſtituées de preuves : il doit donc nous être permis de douter de la vérité du ſentiment que je viens de rapporter, juſqu'à ce qu'il ſoit confirmé par un nombre ſuffiſant d'expériences. Je n'ai pas beaucoup d'eſpérance de cet événement ; cependant, je ne prétens pas nier tout-à-fait qu'il ne puiſſe ſe trouver quelquefois des morceaux entre-mêlés d'une petite portion de Spath ; mais ce Phénomene ne ſera jamais général.

Porphyre.   Linnacus dit en parlant du Porphyre, qu'il contient une certaine

portion de Spath ; & c'eft probable-
ment ce qui a donné lieu d'attribuer
la même propriété à la Pierre de Roche, qui a quelque reffemblance avec
le Porphyre ; mais il ne me paroît
pas probable, que M. Linnacus puiffe jamais apporter de bonnes preuves
de fon fentiment. Quant au Porphyre, il n'avance rien qui ne foit conforme à la vérité. Du moins j'ai
éprouvé que tous les morceaux de
Porphyre que j'ai pulvérifés & chauf-
fés enfuite font devenus un peu lumineux dans l'obfcurité ; d'où il eft naturel de conclure que les taches blan-
châtres dont le Porphyre eft parfemé,
font du Spath ; ce qui ne doit point
empêcher de le regarder comme une
efpéce de Caillou compofée de petits
grains, qui font la plus grande partie de fon mêlange : il eft en même
tems pénétré d'une matiére ferrugineufe ; & par cette raifon, il ne fait
point d'effervefcence avec les Acides :
il donne beaucoup d'étincelles, lorfqu'on le frape avec l'Acier ; &, ce
qu'il y a de plus fingulier, & ce qui
n'a encore été obfervé de perfonne,

c'eſt que, malgré ſa grande dureté, il entre en fuſion dans un feu violent, ſans qu'il ſoit beſoin d'addition, & devient ſemblable à une Scorie d'un brun très-foncé ; d'où il s'enſuit clairement que Bromel & les Anciens, ſont en tort de mettre le Porphyre au nombre des Marbres.

Wallerius ſe rapproche un peu plus de la vérité : il l'appelle *un Jaſpe rouge très-dur* ; & il eſt certain qu'il reſſemble beaucoup plus au Jaſpe qu'au Marbre : cependant, malgré cette reſſemblance, il a des propriétés qui le diſtinguent du Jaſpe rouge. En effet, le dernier a une couleur beaucoup plus uniforme, étant moins panaché, ou tacheté. Il eſt quelquefois plutôt traverſé de rayes blanches ; mais ce qui, ſelon moi, caractériſe particuliérement le Porphyre, c'eſt qu'il ne ſouffre aucune altération dans un feu où le Jaſpe entre en fuſion. J'ai vu des perſonnes qui prétendoient que le Jaſpe ſe tiroit toujours des carriéres, & ne ſe rencontroit que dans des rochers, dont on étoit obligé de le détacher, au lieu que le Porphyre se trouvoit dans les riviéres & dans les champs ; mais on lit tout le contraire dans l'ouvrage de Boot. Cet Auteur fait mention de plusieurs carriéres dont on tire du Porphyre. Les Tailleurs de pierre prétendent que le Rorphyre est plus difficile à travailler que le Jaspe. Il y a d'autres Pierres auxquels on donne le nom de *Porphyres verds* ; mais il y a contradiction dans les termes, & les morceaux qu'on appelle ainsi, sont plutôt de la Serpentine orientale, dont j'aurai occasion de dire un mot dans la suite de ce Traité.

Wallerius donne aux Porphyres parsemés de taches noires, le nom de *Syenites*, ou de *Granito rosso*, Granite rouge : c'est en effet une Pierre de cette espéce. C'est donc une grande erreur à ceux qui prétendent se connoître en Pierres, que de donner pour Granite un Marbre formé d'un assemblage de taches noires, vertes, & jaunes : car cette espéce de Pierre, comme tous les autres Marbres, fait effervescence avec les Acides ; au lieu que le Granite, qui a de plus la pro-

Granite.

priété de faire feu avec l'Acier, n'y fait aucune effervescence. Du reste, il se trouve du Granite de différentes couleurs, & il y en a de parsemé de taches rouges, brunes, grises, blanches, &c. En le comparant au Porphyre, on trouve qu'il est d'un grain beaucoup plus grossier. Ceux qui prétendent que le Granite est une Pierre factice ou composée, & que les Anciens ont eu le secret de mêler ensemble des morceaux de Marbre de différentes couleurs, de les mastiquer les uns avec les autres, & d'en former des colonnes d'une grandeur prodigieuse, sont d'un sentiment qui n'a pas la moindre vraisemblance, ainsi qu'il est prouvé par l'expérience qui démontre que la Terre qui fait la base du Granite, loin d'être calcaire, est une terre de cailloux, & par le témoignage de Shaw, qui nous assure qu'il y a dans l'Arabie Pétrée de grandes carriéres de cette espéce de Pierre.

Brocatelle. Voici le lieu de parler du Porphyre rouge ou Marbre de Thébes, auquel Boot & Wallerius donnent le nom

de

de *Brocatelle* & qui n'est réellement
qu'un Porphyre. On le nomme communément *Brocatello rosso*, ou Brocatelle rouge, pour le distinguer d'autres espéces de Pierres auxquelles les
Tailleurs de pierres donnent aussi le
nom de *Brocatelle*, qui different entiérement du Porphyre, & sont plutôt
du vrai Marbre de plusieurs couleurs,
& parsemé sur-tout de taches jaunes.
Suivant Vignole, il s'en trouve beaucoup en Espagne, & particulierement
en Andalousie, où l'on en fait un très-
grand commerce. En général, il faut
remarquer que ce ne sont pas seulement les anciens, mais que ce sont
encore les Architectes & Sculpteurs
modernes de France, d'Italie, &c.
qui ont donné des dénominations aux
Pierres, sans s'appuyer sur leurs différences réelles, & ont conséquemment
appliqué sans distinction celles de
Marbre ou de *Brocatelle* à toutes Pierres qui leur ont paru prendre un certain poli. De-là, le nom de *Marbre*
donné à tant d'espéces de Cailloux,
de Pierres argileuses, & même gypseuses, quoique ces Pierres ne fassent

H

aucune effervefcence avec les Acides, & ne fe réduifent point en Chaux par l'action du feu, comme il arrive à tous les Marbres.

Pierre Ponce.

On met la Pierre Ponce au rang des Pierres vitrifiables. Henckel eft le premier qui ait remarqué, qu'enfin elle fe vitrifie dans un feu violent, au point de faire feu lorfqu'on la frape avec de l'Acier, phénoméne qui s'eft confirmé par ma propre expérience. M. Cramer l'a mife, par la même raifon, au rang des Pierres vitrifiables, & notre Auteur eft de fon fentiment : mais pourquoi ne pas ranger dans la même claffe l'Ardoife, dont on fe fert pour couvrir les maifons, puifqu'elle fe vitrifie beaucoup plus promptement que la Serpentine & plufieurs autres Pierres fufibles ? Un autre fait très-certain, c'eft que la Pierre Ponce ne peut nullement être mife au nombre des Cailloux. Je ne puis non plus foufcrire au fentiment de notre Auteur, quand il dit, à la *page* 48, que jufqu'ici *perfonne n'a donné l'hiftoire naturelle de la Pierre Ponce ; que fon tiffu fuffit, pour montrer qu'elle ne s'est point formée dans le feu, & qu'il y a apparence que c'est une production de la Mer.* Les anciens Auteurs croyoient, avec Théophraste, qu'elle se formoit de l'écume de la mer ; & c'est pour cette raison, qu'ils l'appellerent *Pumex* qui vient de *Spumex* ou *Spuma*, écume. Parmi les Modernes, il y a des Auteurs qui pensent qu'elle doit son origine à un sable qui s'est lié & qui a formé une masse compacte. Koenig en fait une espéce de *Tophus*, Tuf. Wallerius croit que c'est une production du feu, & qu'elle provient originairement du Charbon de Terre, parcequ'il y a quelques espéces de ce fossile qui après avoir été brulées, laissent une terre semblable à la Pierre Ponce. Il en est de même de certaines espéces d'Ardoises. Je suis fort éloigné de nier que les Charbons de Terre concourent à la formation de la Pierre Ponce : je remarquerai seulement, que tous les Charbons de Terre ne laissent point, après avoir été brulés, une semblable terre legere & spongieuse ; par exemple, si on brule des

Charbons de Terre de Wettin, autant qu'il est possible de les bruler, la terre qui reste ne nâge pas au-dessus de l'eau, & ne devient pas blanche au feu, mais conserve toujours une couleur noirâtre : autre raison plus décisive que celle-ci ; c'est de ne retrouver dans une cendre semblable, aucune trace du tissu fibreux de la Pierre Ponce. Je crois donc avec M. Stahl, que cette Pierre doit son origine à l'Asbeste, lié par l'action du feu : sa structure & son tissu ne présentent rien qui répugne à cette hypothèse, qui d'ailleurs est confirmée par l'expérience. En effet, on la trouve ordinairement en grande abondance dans le voisinage des Volcans, tels que le Mont Ethna & le Vésuve, près de Fernatte, au Monte Cernere, près de Tercera, & dans le voisinage du Mont Hécla en Islande. On sçait même que dans le tems de l'éruption de ces montagnes, il se trouve des Pierres Ponces parmi les autres matiéres qu'elles vomissent. Si l'on en remarque nâgeantes à la surface de la mer, sans qu'il y ait d'éruption

Volcans dans le voifinage , c’eft qu’apparemment le mouvement inté- rieur des eaux de la mer, fortifié par les vagues & par les tempêtes, a arra- ché ces Pierres brûlées, les a détachées du fond , & les a pouffées à la furface des eaux. Ce qui donne du poids à cette conjecture , c’eft qu’on en trou- ve plus abondamment , après que la mer a été agitée par une tempête ; mais, quand il en paroîtroit quelque- fois en des endroits dans le voifinage defquels il n’y a point de Volcans , comme Agricola l’a déja remarqué , qu’il s’en étoit trouvé près de Co- blentz , à une petite diftance des Bains d’Embs , au confluent du Rhin & de la Moffelle , & dans le voifinage d’Aix-la-Chapelle ; il eft à préfumer , à la vûe des Bains chauds qui en font affés voifins , qu’il y a encore aujour- d’hui des feux fouterreins dans ces en- droits ; & Leibnitz démontre dans fa *Protogée* , que ces mêmes lieux ont été bouleverfés autrefois par des feux fou- terreins. On lit dans un des derniers Recueils de Mémoires que l’Acadé- mie des Sciences de Paris a publiés , que dans le voisinage du Cap de Bonne-Espérance, il s'étoit élevé du fond de la mer, après une tempête, une grande quantité de Pierres Ponces, qui avoient ensuite flotté à la surface des eaux. Comme le tissu fibreux de la Pierre Ponce est ordinairement semblable à celui de l'Asbeste & de quelques Spaths gypseux; & que de plus, la porosité & la légéreté qui la font flotter sur l'eau, lui sont communes avec quelques espéces d'Asbeste, qui, ainsi qu'on le remarque au *Suber montanum*, Liége fossil, & au *Corium montanum*, Cuir fossil, nâgent à la surface de l'eau, sans avoir été brulés auparavant; on conjecture d'abord que la Pierre Ponce leur doit son origine, & que ces Pierres en font la base. On est confirmé dans ce sentiment par la ressemblance extrême qui se trouve entre les effets de l'Asbeste & de la Pierre Ponce, quand on emploie l'une & l'autre en composition avec des corps salins, des Verres métalliques & terreux, ou dans des opérations pyrotechniques sur les mêmes corps: cette ressemblance d'effets eſt, ſelon moi, une preuve très-forte ; mais je compte traiter cette matiére avec plus d'étendue dans une autre occaſion. Au reſte, je ne crois pas avoir beſoin d'entrer dans de longs détails, pour prouver, que les différences qui ſe trouvent dans les Pierres Ponces, ſoit par rapport à leur couleur qui tantôt eſt jaunâtre, tantôt griſâtre, tantôt noirâtre, tantôt tirante ſur le brun, &c. ſoit par rapport aux parties ſalines qu'elles contiennent, que ces différences, dis-je, ne ſont qu'accidentelles, & ne regardent aucunement l'eſſence de leur mixtion.

Remarques ſur la page 16. de l'Ouvrage de M. Woltersdorff.

Comme dans le Mémoire que j'ai donné ſur la Stéatite, je me ſuis propoſé de traiter des Pierres véritablement argileuſes, on y peut voir plus en détail, non-ſeulement ce que je penſe ſur ces Pierres, mais encore toutes les expériences que j'ai faites pour en découvrir les propriétés. Elles ſont ſi tendres, qu'à peine peut-on, leur donner le poli. En prenant les termes

Stéatite.

H iv

dans l'exacte rigueur, je ne puis être du sentiment de Henckel & de Wallerius, quand ils prétendent que la Stéatite de Bayreuth, ou ce que l'on appelle, la Craye d'Espagne, est une espéce de Terre marneuse, cette Craye ne contenant aucune portion de la Terre calcaire, qui se trouve dans toutes les vraies marnes. Je suis encore moins d'accord avec M. Bruckmann, qui regarde la Stéatite de la Chine comme une espéce d'Albâtre. Mais d'un autre côté, je ne crois pas que la Stéatite, même lorsqu'elle est la plus pure & ne contient aucune particule ni de Mica, ni d'une substance ferrugineuse, soit formée d'une matiére tout-à-fait simple : car je vois que dans différens mélanges, avec des terres, elle leur donne, contre toute attente, de la fusibilité; & que jointe à d'autres terres, elle leur fait ordinairement prendre au feu une couleur jaune. Je crois qu'elle se fond très-facilement, & même dans des proportions toutes différentes, soit avec les Spaths fusibles, soit avec du Quartz entremêlé de Spath fusible ; mais ordinairement la masse produite par cette fusion se trouve teinte en jaune.

C'est mal à propos qu'on met au rang des vrais Marbres, la Serpentine que nos anciens Auteurs appellent assés souvent , *Marmor Zeblitium* , Marbre de Zeblitz. M. Cramer l'a mise au rang des Pierres réfractaires , *Apyri* , quoique Henckel eût déja observé qu'elle se fondoit sans addition. Il s'ensuit d'une autre expérience de M. Henckel , par laquelle nous sommes assurés qu'elle se durcit au feu, que , pour parler avec exactitude , il faut la placer dans la classe des Pierres argileuses. Woodward pense que la Serpentine des Anciens ne diffère point de la nôtre : il y a cependant entr'elles une différence très-réelle. La Serpentine ou *l'Ophites* des Anciens, dont parlent Dioscorides & Pline , qui se trouve encore aujourd'hui dans quelques endroits d'Italie , & dont je suis parvenu à avoir un échantillon , ressemble assés par sa couleur extérieure & par ses taches vertes obscurément noirâ-

Serpentine.

H v

tres, à celle de Saxe ; mais il n'en eſt
pas ainſi de leurs compoſitions. La
premiére approche beaucoup de la
nature & de la dureté du Caillou, &
n'eſt, par conſéquent, point ſi aiſée
à travailler que celle de Saxe : de
plus, elle ne prend pas au feu plus de
dureté qu'elle n'en a naturellement ;
& dans l'état où la nature nous l'offre,
elle donne des étincelles, lorſqu'on
la frape avec de l'Acier. Cette Pierre
n'eſt donc qu'une eſpéce de Roche
verte pénétrée & traverſée de taches & de veines noirâtres : & comme anciennement on en tiroit une
grande quantité des environs de
Memphis, on lui a donné le nom de
Memphites. Il faut cependant qu'elle
contienne beaucoup de parties métalliques, puiſqu'expoſée à un feu violent, elle entre en fuſion ſans le ſecours d'aucun fondant, & ſe change
en une Scorie noire ; au lieu que la
Serpentine de Saxe, celle dont My-
lius dit, *à la page 31. de ſes Memora-*
bilia Saxoniæ, qu'elle doit être miſe
plutôt dans la claſſe des Albâtres,
que dans celle des Marbres, & que

M. Cramer regarde comme un mélange de particules de Caillou , de
Marbre & de Pierre Ollaire : cette
Serpentine , dis-je , ne peut être
comptée qu'entre les Pierres argileuses , si l'on considére la Terre qui en
fait la base ; en effet , elle n'a point
la propriété de faire feu avec l'Acier ,
comme celle des Anciens. Ce sont
les parties étrangeres & métalliques
qu'elles contient , qui la disposent
enfin à entrer en fusion dans un feu
violent. Wallérius prétend que la
Serpentine blanchit ou jaunit d'une
maniére sensible dans un feu ordinaire ; mais je n'ai point observé ce
changement de couleur dans les morceaux dont j'ai fait l'examen. Sa couleur foncée , montre assés que c'est
un corps composé ; & comme , selon
l'expérience de M. Henckel , on en
peut tirer par la distillation une certaine portion de Sel urineux , il s'ensuit qu'elle n'est pas sans un peu d'une
substance subtile & Acide mêlée
d'une petite quantité de principe inflammable.

Je ne puis penser avec Wallerius ,

H vj

que la Pierre Néphrétique ou Jadde,
soit une espéce de Gypse verd, puisque la calcination n'y produit aucun
changement, & ne la réduit point
en plâtre. Je ne puis non plus ac-
quiescer à l'opinion de Scheuchzer &
de Kundmann, qui la regardent
comme une espéce de Jaspe verd; &
encore moins au sentiment de Cramer, qui prétend que celle que l'on
connoît dans nos Pays & qui se tire
des carriéres de Zoeblitz en Saxe,
est un Caillou bleu & verd. Cette
Pierre ne fait point feu avec l'Acier :
elle est unie & grasse au toucher : elle
n'est pas fort propre à prendre le poli :
sa couleur verte est parsemée de taches foncées : elle est même quelquefois mouchetée de blanc & de
jaune. C'est pour ces raisons que
Henckel & quelques autres Naturalistes la regardent comme une fausse
Pierre Néphrétique. Ce qu'il y a de
constant, c'est que la calcination la
rend plus dure. Lorsque j'ai dit dans
quelque endroit de mes ouvrages,
que la Pierre Néphrétique pouvoit se
dissoudre par l'Acide du Sel marin,

j'ai été induit en erreur par une Pierre
qui appartient plutôt à l'espéce de
Cadmie, & sur laquelle Nebel à écrit
une Dissertation particuliére. Quant
à ce qu'on ajoute d'après les expériences de M. Neumann, qu'elle se dissout plus qu'à moitié dans l'Eau forte; il faut remarquer que, comme
elle contient tantôt plus, tantôt
moins de parties ferrugineuses & cuivreuses, la quantité de cet effet ne
peut être constante; mais, c'est la
raison pour laquelle, mise en dissolution dans l'Eau forte, elle donne à
ce dissolvant une couleur verte; qu'en
précipitant la dissolution par le
moyen d'un Alcali fixe, il se dépose
un Crocus jaune, & qu'en faisant fondre la Pierre elle-même avec du Borax, ou même avec des Spaths fusibles, on en obtient un grain ou bou-
ton de cuivre.

L'Asbeste & les Pierres de la même espéce ne se durcissant point à un
feu moderé, comme il arrive aux
Pierres argileuses, & même comme
au contraire elles y deviennent plus
cassantes, c'est à tort qu'on les met

dans la même claſſe. J'ai obſervé que l'Aſbeſte de plume, *Asbeſtum plumoſum*, ou l'Aſbeſte mûr, *Asbeſtum maturum*, s'eſt rendu beaucoup plus friable qu'il ne l'eſt naturellement dans un feu aſſés violent, & qu'il y a pris en même tems une couleur jaune. L'Aſbeſte non mûr compoſé de fibres ou filamens longs & groſſiers, produiſit le même effet au même dégré de feu, & ne fit point feu avec l'Acier. Henckel eſt le premier qui ait fait remarquer en différens endroits de ſes Ouvrages, *que quelques eſpéces d'Amianthe ont des propriétés marneuſes*, parceque, ſelon ſes expériences, *elles ſe durciſſent dans un feu violent, au point de pouvoir donner des étincelles avec l'Acier, & que même quelques-unes d'entre elles entrent totalement en fuſion.* Mais il n'étend point cette propriété à toutes les eſpéces d'Aſbeſte : il ne l'attribue qu'à quelques-unes, entre leſquelles il déſigne particuliérement celle qu'on nomme *Liége de montagne*, qui ſe trouve en Danemark, en Suede, & qui, à ce qu'on prétend, ſe change en un Verre noir par la fusion. Autant que je puis prononcer sur cette matiére, je ne crois pas qu'on ait aucune bonne raison, pour mettre au nombre des Pierres argileuses les Asbestes qui ne se durcissent pas d'une façon sensible dans un feu modéré. Il est important de faire attention aux différens dégrés de feu que l'on emploie dans l'examen des Pierres; & c'est un principe constant, qu'on ne doit mettre dans la classe des argileuses, que celles qui prennent dans un feu médiocre plus de dureté qu'elles n'en ont naturellement. Quant à celles qui ne se durcissent que dans un feu violent, c'est un effet qu'il faut regarder comme un commencement de fusion, & qui peut avoir lieu dans des Pierres qui ne contiennent absolument rien d'argileux, & qui pour l'ordinaire sont, ou composées de différentes espéces de terre, ou entremêlées de particules métalliques. On sçait que le feu des grands Miroirs ardens fait fondre l'Asbeste assés facilement; il devient pareillement fusible, quand on lui joint un peu d'Alcali. Lorsque

j'ai fait fondre de l'Alun de plume
mûr avec moitié d'Alcali, il s'est formé une maffe femblable à de la Porcelaine, dont la couleur étoit d'un
blanc verdâtre, & qui donnoit beaucoup d'étincelles lorsqu'on la fra-
poit avec de l'Acier ; mais il ne m'a
point du tout paru décidé, ainfi que
M. Geoffroi le prétend dans les Mémoires de *l'Académie de Paris de l'année* 1744, que l'Amianthe, le Talc,
& les autres Pierres qui leur reffem-
lent par leur tiffu fibreux, fuffent une
combinaifon de l'Acide vitriolique &
d'une Terre calcaire. Si ces fubftances produifent une Terre faline de la
même figure, les effets que l'action
du feu produit fur elles ne font point
toujours les mêmes ; d'ailleurs, on
donne des matrices toutes différentes
aux différentes efpéces d'Afbefte. On
prétend qu'en Siberie, ce foffile fe
trouve dans une Pierre verte, qui eft
très-dure & qui tient de la nature du
Caillou : que celui des Pyrénées fe
forme fur une Pierre calcaire blanche ; que dans les Marbriéres de ces
mêmes montagnes, il végéte, pour

ainsi dire, comme une plante, &
s'éleve jusqu'à la hauteur de deux
pieds. On ajoute qu'aux environs de
Wernigerode, il se rencontre dans
les couches de Talc ou de *Glacies
Mariæ*, & dans celles d'un Spath fin-
guliérement blanc, & que, dans des
carriéres de Grais des environs de
Magdebourg, il se trouve une Pierre
composée de filets courts qui ressemble à l'Asbeste ; mais qui est tout-à-
fait calcaire, & qui par conséquent
fait effervescence avec les Acides, ce
que l'on n'observe jamais dans les
vrais Asbestes. Quant à ce qu'on prétend, que l'Asbeste sort des Volcans,
sous la forme d'une Scorie extrêmement fluide, il y a tout lieu de croire,
que cette grande fluidité vient de certaines matiéres minérales, dont il se
trouve entremêlé. Aussi en voit-on
quelquefois dont la couleur jaune tire
sur le rouge, d'autres qui sont d'une
couleur de Fer ; & Buttner rapporte
que, dans les montagnes sabloneuses qui sont aux environs de Quer-
furth, il se trouve une espéce d'A-
mianthe ferrugineuse, dont la cou-

leur est d'un jaune d'Ocre. J'espére avoir occasion dans la suite de faire connoître d'une façon plus détaillée la nature de l'Asbeste, & indiquer les expériences qui peuvent contribuer à la caractériser.

Talc.

Ce n'est pas avec plus de raison que l'on met le Talc au rang des Pierres argileuses : Henckel est de ce sentiment. L'expérience prouve que cette Pierre ne devient pas plus dure par l'action du feu. Bromel le met au nombre des *Apyri*, quoiqu'il soit beaucoup plus disposé à la fusion que le Sable & le Caillou, & que les rayons du Soleil concentrés par un Miroir ardent le mettent en fusion en très-peu de tems, & le changent en une substance vitreuse brune. M. Bruckmann n'est pas plus fondé à le regarder, comme une espéce de Spath ou de *Glacies Mariæ*. M. Geoffroi croit que sa substance est une Terre seleniteuse semblable à celle que l'on produit en combinant l'Acide vitriolique avec une Terre calcaire. M. de Buffon pense que le Talc & l'Amianthe sont formés d'une

matiére vitrifiable qui a découlé, &
que des Quartz dissous étant venus
à se coaguler, il s'est formé du Talc,
ou une substance qui tient un milieu
entre le Caillou & la Glaise. Il faut
voir dans le Mémoire que j'ai donné sur le Talc, les expériences que
j'ai faites sur cette substance, en la
mêlant avec des Sels, des Verres &
des Terres ; comparer ces expériences entr'elles, les rapprocher de celles qui ont été faites sur le Caillou,
& en conclure ensuite ce qui en pa-
roîtra plus vraisemblable. Les différens produits de cette Pierre qui sont
ordinairement noirâtres, fort colorés, & d'un brun foncé, prouvent
qu'il y en a des morceaux plus chargés de matiére colorante, & plus fufibles que le Caillou. Notre Auteur
met ici les différentes espéces de Talc
que l'on a coutume d'appeller *Talcs
d'or*. Ces Talcs, tels qu'on les trouve
dans le sein de la terre, ne sont nullement jaunes ou de couleur d'or,
mais d'un gris de cendre, ou noirâtres ;
ce n'est qu'en les faisant rougir dans
un feu médiocre, qu'ils prennent à

l'extérieur & à l'intérieur, une couleur d'or. On en trouve à Reichenstein, à Silberberg, à Wunschendorff, en plusieurs endroits de la Bohême, &c. Quant à ce que Neumann dit dans ses Ouvrages, que ce que l'on nomme *Talc d'or*, n'est point un vrai Talc, mais une Pierre spéculaire ou une Sélénite colorée, cela ne s'accorde point avec l'expérience. En effet, si par le moyen de l'Eau forte, on enleve à ce *Talc d'or*, toute sa partie colorante, la poudre blanche qui reste prouve, dans l'examen du feu & dans les mêlanges que l'on en fait, que c'est une Terre talqueuse, & non du Gypse. Il y a des Auteurs qui prétendent que ces espéces de Talcs perdent leur partie colorante dans un feu ouvert violent, & qu'ils y deviennent tout blancs; mais celui de Reichenstein n'est pas sujet à ce changement. J'ai observé qu'il a toujours constamment gardé sa couleur noirâtre & sa couleur d'or au même feu, & qu'il n'y a éprouvé d'autre altération que celle de devenir un peu plus compact.

Notre Auteur rend le mot *Mica*   Mica.
par *Blende*, quoique l'on entende proprement par *Blende*, le *Pseudo-Gale-
na* ou *Galena Sterilis*, Crayon, Mine de Plomb. Il seroit plus exact de
rendre le mot latin *Mica* par le mot
allemand, *Glimmer*. Cette Pierre ne
se durcissant point au feu, il est aisé
de concevoir qu'elle ne peut être mise au nombre des Pierres argileuses.
Wallerius l'a placée entre les *Apyri*,
ou Pierres réfractaires. Le Mica, celui sur-tout qui est de couleur d'or, a
beaucoup de ressemblance avec le
Talc d'or dont nous venons de parler ;
car l'eau forte en extrait, ainsi que
du Talc, la partie colorante, & il
ne reste pareillement qu'une masse
blanche : on n'auroit donc point tort
de le mettre au rang des Talcs.

Notre Auteur met aussi l'Ardoise   Ardoise.
dans la classe des Pierres argileuses ;
& il prétend que toutes ses différentes
espéces ont été formées d'un mêlange
de la Terre végétale & d'Argile endurcie. Bromel & Linnæus la regardent en général, comme une espéce
de Pierre calcaire. M. de Buffon pen-

se que ce n'est autre chose qu'un limon endurci ; & il croit que les Charbons de pierre, les Charbons de terre, & le Succin se sont aussi formés
du limon. Cramer & Wallérius mettent en général l'Ardoise au rang des
Pierres vitrifiables ; & ils ajoutent
qu'elle a été formée par le mélange
d'un limon marécageux joint à un Acide vitriolique, & à du Bitume. C'est
ainsi que les Naturalistes sont partagés dans leurs sentimens sur la composition & les propriétés de l'Ardoise. Il me paroît qu'aucun d'entr'eux
n'a embrassé toutes les espéces d'Ardoises ; & je crois qu'il est impossible de les comprendre toutes sous un
même genre. Cette Pierre est tantôt
tendre, tantôt dure : elle est, pour
l'ordinaire, plus légére que la Pierre
à Chaux, quoiqu'elle se trouve placée au-dessous d'elle. Je trouve beaucoup d'apparence à ce que toute Ardoise se soit principalement formée
d'un limon marécageux. En lui ac-
cordant cette origine, il ne sera pas
difficile d'expliquer pourquoi l'on y
trouve un si grand nombre d'emprein-

tes , non-seulement de poissons, de Brochets surtout & de Brêmes , mais encore de Plantes aquatiques. Ce sont ces empreintes qui ont déterminé Boot à penser, que les couches de l'Ardoise ne se sont formées d'autre chose que d'étangs ou marais poissonneux , qui se sont remplis de vase ou d'eaux bourbeuses & stagnantes , dans lesquelles les poissons sont morts ; ce qui est encore confirmé par sa couleur qui est ordinairement noirâtre , d'un gris de cendre , ou bleüe : car , quoiqu'on en trouve de blanchâtre , de rougeâtre , & de jaunâtre , ce qui n'arrive que rarement : quand cela arrive on remarque que la Terre qui en fait la base a été altérée par le mélange de différentes matiéres étrangeres. Il est constant que l'Ardoise contient ordinairement une matiére grasse & huileuse , & souvent même une quantité excessive de Petrole & de Bitume : aussi s'enflamme-t-elle avec beaucoup de facilité , brule-t-elle aisément , & eclate-t-elle en morceaux ; ce qui la rend dangereuse dans les incendies des maisons qui en sont

couvertes. Les Ardoifes donnent encore par la diftillation, de même que
le Succin & les Charbons de terre, un
Sel acide volatil, qui eft fenfiblement
oléagineux. Quand les Ardoifes font
fort chargées de parties bitumineufes,
l'action de l'air les détruit facilement,
& l'on peut même s'en fervir pour le
chauffage. Indépendamment de cette
terre huileufe des végétaux, il fe trouve dans différentes Ardoifes une terre
calcaire en affés grande abondance.
Il eft fort rare de découvrir dans celles qui font de cette efpece quelque
chofe d'argileux. Les Phénoménes
qui la caractérifent font de faire effervefcence avec les Acides ; au lieu de
fe durcir au feu, de s'amollir & devenir plus friable à un dégré de chaleur médiócre ; de ne pas fe fondre
aifément par elle-même & fans addition, à un feu violent ; d'y prendre
feulement une couleur brune qui tire fur le noir. Ajoutez à cela que cette même efpéce d'Ardoife dont il s'a-
git, eft affez compacte, lorfqu'on la
tire du fond de la Terre ; mais que
l'action de l'air libre l'altére & la dé-
sunit

funit facilement. Toutes les Ardoises ne se vitrifient pas avec autant de
facilité que le prétend Wallerius : il
est même certain que celles qui rési-
stent à la vitrification, se trouvent en
assez grande abondance. J'ai observé
que la plupart des Ardoises de cette
espéce font une effervescence beaucoup plus foible, après avoir éprouvé l'action d'un feu très-violent, qu'auparavant. Il y en a d'autres espéces
dans la composition desquelles il est
indubitable qu'il entre de la Terre
argileuse. Ces derniéres doivent être
mises au nombre des Pierres surcom-
posées. Ordinairement elles ne font
point d'effervescence avec les Acides ;
un feu médiocre les rend beaucoup
plus dures qu'elles n'étoient auparavant ; dans un feu très-violent, elles
entrent aisément en fusion sans qu'il
soit besoin d'addition ; & cette facilité à se fondre est toujours proportionnelle à la quantité de sable ou
d'autres substances dont leur masse se
trouve mêlée. L'Ardoise la plus compacte & la plus difficile à fondre que
les Allemans nomment *Knauer*, est

I

employée à conſtruire des fourneaux
de fonderies ; mais il y en a d'autres
qu'un grand dégré de chaleur met
très-aiſément en fuſion ; d'autres forment en ſe fondant une eſpéce d'écume ou une Scorie poreuſe, ſpongieuſe & aſſés légére pour nâger ſur l'eau,
quand elle eſt provenue d'une ardoiſe tendre. Les Ardoiſes dont on ſe
ſert pour couvrir les maiſons ſont ordinairement argileuſes : cependant
quelques-unes contiennent une certaine portion de Terre calcaire, & font
par conſéquent efferveſcence avec les
Acides. Ces Ardoiſes argilleuſes ſont
très-propres à faire des Pierres à aiguiſer, des Pierres de touche, des
Tablettes à écrire, &c. Il faut mettre au nombre des Ardoiſes fuſibles
celle qui ſe trouve au territoire de Bareuth à peu de diſtance de Fichtel-
berg. On la nomme *Knopffſtein* ou
Pierre à boutons, parcequ'on la fait
fondre pour en faire des boutons, des
boules, des manches de couteaux,
&c. ſans qu'il ſoit beſoin d'aucune addition. C'eſt ſur quoi l'on peut voir le
Commerc. litterar. Norimberg. 1743.

p. 230. Mais il faut remarquer, que sa fusibilité est considérablement augmentée par la Terre ferrugineuse dont elle est entremêlée. Les Ardoises fusibles de cette espéce peuvent être employées avec succès pour faciliter la fusion des Minerais réfractaires; elles les rendent si fluides, que le métal s'en sépare & se précipite facilement. Il y a d'autres Ardoises mêlées avec d'autres espéces de Terres. On en voit un exemple, soit dans les Ardoises alumineuses qui se trouvent ordinairement dans des Pierres calcaires, soit dans les Ardoises qui tenant de la nature du Charbon de Terre sont mêlées d'une substance bitumineuse; ces Ardoises ne se fendent pas si aisément que les autres. Si on les expose au feu dans un creuset fermé, elles conservent leur couleur noire; on s'en sert pour peindre. Outre toutes les Ardoises précédentes, il s'en trouve encore de jaunes & brunes mêlées de particules ferrugineuses, de Mica, de Cuivre vierge, de bleu de montagne, & de mine de cuivre vitreuse : celles qui sont de cette

I ij

efpéce entrent aifément en fufion ; &
on peut, fans qu'il foit befoin de les
faire paffer par le boccard & par les lavages, les traiter au fourneau à man-
che. Cependant, il y en a quelques-
unes de cette efpéce, qui mêlées de
beaucoup de Terre calcaire, telles
que celles de Rothembourg, ne laif-
fent pas d'être affez réfractaires. Mais
pour en faciliter la fufion, on a coutume de leur joindre des Spaths fufibles. D'autres Ardoifes font minéra-
lifées avec des métaux tels que le
Plomb & l'Argent. Ludwig rapporte,
à la *page 259* de fon Ouvrage, d'a-
près les Lettres de M. Linnæus, qu'en
Suéde on trouve une efpéce d'Ardoife noire & alumineufe qui contient de
l'Arfénic. Cette Ardoife eft d'abord fi
dure, qu'on a de la peine à la caffer à
coups de marteaux ; mais lorfqu'elle
a été expofée au foleil & à la pluie,
elle fe décompofe, & fe réduit en une
terre noire ; fi on la calcine, elle éclate avec détonation, & décele affez par
l'odeur d'ail qu'elle répand, la préfence de l'Arfénic. Je ne parle point des
Ardoifes fulphureufes ou mêlées avec

de la Pyrite fulphureufe ; telles font
furtout celles de Goſlar qui contiennent une grande quantité de pierres
à fufil pyriteufes & fulfureufes : on
ne remarque aucunes empreintes de
poiſſons fur ces derniéres.

On a raifon de mettre la Pierre de
Touche parmi les Ardoiſes ; cependant , il faut remarquer qu'elle ne
peut jamais être placée au nombre de
celles qui font calcaires, qui font effervefcence avec les Acides , & que,
pour avoir des Pierres de Touche , il
faut toujours choifir des Ardoiſes argileuſes & pures. Geſner, Boot, Broemel , Wallerius fe trompent donc ,
quand ils difent que la Pierre de Touche eſt une efpéce de Marbre noir : il
eſt vrai que ce Marbre prend les couleurs des métaux ; mais il eſt trop tendre , & , ce qui le rend encore moins
propre à cet uſage, c'eſt que l'eau forte
le ronge ; car, pour qu'une Pierre de
Touche foit bonne , il faut que l'eau-
forte ne diſſolve fur elle que les métaux de moindre valeur, tels que l'Argent & le Cuivre fans toucher à l'Or
& fans en altérer l'éclat. Si l'eau-forte

Pierre de
Touche.

agit fur la Terre calcaire dont le Marbre eft compofé, les traces de l'Or
s'effacent & difparoiffent. Il eft donc
évident que, pour avoir une bonne
Pierre de Touche, il faut choifir une
Ardoife compacte & dont le grain
foit fin. Il en eft de même des *Cos olea-
ris* ou Pierres à aiguifer à l'huile qui
font noires & fort dures ; elles font
en effet de la même efpéce. Les Pierres de Touche les plus commodes &
les meilleures font celles qui prennent le poli à un certain point, & qui
ne font ni trop dures ni trop tendres. Toutes ces efpéces entrent en
fufion, comme les Ardoifes argileufes, fans qu'il foit befoin de leur joindre de fondant. Il eft cependant à
propos d'obferver que l'on fait encore
ufage d'autres Pierres de Touche qui
n'appartiennent aucunement à la claffe des Ardoifes. Dans les environs de
Hildesheim & de Goflar, par exemple, on en trouve dans les lits des riviéres ; & comme ces Pierres ne font
autre chofe que des efpéces de cailloux noirs, elles font feu avec l'Acier.
Il ne faut pas exclure de ce nombre le

Jaspe noir que Wallerius dit être très-propre à servir de Pierre de Touche. En effet, l'eau-forte n'agit point sur ces sortes de Pierres, & elles prennent fort bien les couleurs des métaux ; mais comme elles sont trop dures, elles ne montrent point assez exactement les dégrés d'alliage ; car le frottement d'un métal leur donnant plus d'éclat qu'elles n'en avoient auparavant, cet éclat nuit à l'usage qu'on prétend en faire. On dit qu'en Italie on se sert, pour essayer les métaux, d'une Pierre verte appellée *Verdello* ; mais si le Verdello est un Marbre verd comme Wallerius le prétend, il ne paroît pas qu'il puisse être fort propre à marquer la proportion véritable de l'alliage des métaux.

Notre Craye noire, que l'on appelle aussi *Noir d'Ardoise*, n'est autre chose qu'une espéce d'Ardoise calcaire ; car elle fait effervescence avec les Acides. Quand on la calcine dans des vaisseaux fermés, elle conserve un peu de dureté. Dans un feu ouvert violent, elle devient plus tendre & moins noire ; & après en avoir éprouvé l'action elle

Craye noire.

fait une effervefcence beaucoup plus confidérable qu'auparavant. J'ai obfervé que cette Ardoife fe vitrifioit très-difficilement. On fçait qu'il y en a plus d'une efpéce, & Wallerius dit de celle qu'il décrit, que, *lorfqu'on l'expofe au feu, elle répand une odeur défagréable ; qu'elle y conferve fa couleur noire pendant quelque tems, mais qu'enfin elle devient rouge ; & qu'alors on peut s'en fervir comme du Crayon rouge.*

Pierre Gypfeufe.

Je remarquerai fur la page 18 de l'Ouvrage de M. Woltersdorff, que la Pierre Gypfeufe a été jufqu'à préfent mife au rang des Pierres calcaires, qu'on a même prétendu qu'elle fe diffolvoit comme elles dans les Acides ; mais toutes ces prétentions me paroiffent contraires à l'expérience : cependant, je ne nie pas que le Gypfe n'ait plufieurs propriétés qui lui font communes avec les Pierres calcaires ; par exemple, l'action du feu le change en une efpéce de Chaux ; mais les Acides n'agiffent point fur cette Chaux. Si, après avoir été calciné, on humecte le Gypfe avec un peu d'eau, il s'échauffe & répand une odeur putride : il n'entre point en fusion par lui-même : il peut seulement, quand il est mêlé en de certaines proportions avec d'autres Terres non fusibles ou difficiles à fondre, les rendre aussi fusibles que la Chaux. Ce qui prouve qu'il entre une substance colorante dans sa composition, c'est que comme la Chaux, il donne une couleur jaune au verre, à la Fritte du Crystal & au Borax. J'ai exposé dans un autre endroit avec plus d'étendue, en quoi le Gypse diffère de la Chaux. Pour ce qui est de son origine, j'ai bien de la peine à croire avec Linnæus, Wallerius & quelques Auteurs François, qu'il se forme en effet dans la terre par la combinaison de l'Acide vitriolique avec la Craye ou avec la Chaux ; & il y a bien des difficultés dans le sentiment de ceux qui prétendent que la Terre qui se sépare dans la préparation du Sel d'Angleterre, celle qui se dépose dans certaines Eaux thermales, comme celles de Carlsbad & de certaines Eaux-meres de lessives, soit parfaitement semblable à celle de Gypse. On auroit tort

I v

cependant de nier qu'il n'y eût quelque reſſemblance entr'elles ; mais cette reſſemblance n'empêche point qu'elles ne préſentent dans certaines expériences des phénoménes très-différens. Je vais en donner quelques exemples. J'ai préparé ce que l'on nomme la *Terre Séléniteuſe*, en ſaturant entiérement de la Chaux vive avec de l'huile de vitriol. J'ai édulcoré & fait évaporer ſoigneuſement l'Acide ſurabondant qui pouvoit être reſté ; & en évaporant l'eau dont je m'étois ſervi pour édulcorer, après l'avoir filtrée, j'en ai obtenu un Sel dont une partie n'étoit plus ſoluble, & dont l'autre qui étoit ſoluble reſſembloit en quelque choſe à l'Alun. J'ai mêlé cette Terre avec une portion égale de Sel : j'en ai fait autant avec une ſemblable quantité de Gypſe & de Sel ; enſuite j'ai diſtillé, à un feu convenable, chacun de ces deux mêlanges ſéparément ; ils m'ont rendu l'un & l'autre un peu d'Eſprit de Sel, & leurs réſidus réunis dans la cornue, ont formé une eſpéce de gâteau blanc ; mais, quand après ces préliminaires, je les ai mis dans le feu le plus violent, le mélange du Gypse s'est fondu & a donné une espéce de verre blanc, au lieu que la plus grande partie de l'autre composition ayant pénétré le creuset, n'y a laissé qu'une petite quantité d'une substance noire. De plus, la Terre Séléniteuse factice, loin de devenir plus tendre dans un feu médiocre, comme le Gypse, y est devenue plus compacte. Elle ne s'est ni échauffée ni durcie avec l'eau, comme le Gypse. Mais dans les mélanges avec le Minium, le Borax & l'Argile, l'un & l'autre ont produit, à peu près, les mêmes phénoménes. Cette Terre Séléniteuse paroît encore très-différente de la Terre Gypseuse, lorsqu'on la mêle avec une portion égale de Sel : dans cette expérience, le résidu est une Scorie tendre : mêlée avec quatre parties de Sel, elle ne prend du corps & ne devient compacte que dans un feu ouvert très-violent ; & dans un feu renfermé il ne reste qu'une Scorie saline jaunâtre. Avec partie égale de Sel de Glauber, & avec quatre parties de Sable, les phénoménes produits sont tout différents. Mais une

I vj

chofe qui mérite d'être remarquée,
c'eft que l'Acide du Vitriol renverfe
& altére tellement la nature de la
Chaux, & s'y unit fi intimement, que
ni les Acides ni les Alcalis ne peuvent
plus agir deffus, & que le feu le plus
vif n'eft pas capable de décompofer
la combinaifon qui s'eft faite. En effet, j'ai obfervé que le feu ouvert le
plus violent ne produifoit fur cette
Chaux faturée d'autre effet que de la
durcir & d'en faire une maffe verdâtre; qu'elle n'en a point été altérée,
& que les Acides n'ont pas caufé la
moindre effervefcence avec elle. Cependant, on obtient par des voies
moins violentes, ce que la force n'a-
voit pas pu exécuter. En mettant cette Terre Séléniteufe en digeftion avec
l'efprit d'urine, fi on la diftille à plufieurs reprifes, jufqu'à ce qu'elle ait
la confiftence d'une huile, en remet-
tant à chaque fois de nouvelle urine,
fi on lave foigneufement la terre qui
refte & qu'on faffe évaporer l'eau qui
a fervi à la leffiver, on obtient une
efpéce de *Sel ammoniac fecret de Glauber*; & on retrouve au fond la pre-

miére Terre calcaire qui a, comme
auparavant, la propriété de faire effervefcence avec les Acides. Si, au lieu
d'efprit urineux, on emploie une leffive ou folution de Sel, on obtiendra
auffi cette Terre calcaire pure. C'eft
la différence la plus fenfible qui fe
remarque entre la Terre Séleniteufe
& la Terre Gypfeufe. En effet, fi on
traite cette derniére de la même façon, foit avec l'efprit urineux, foit
avec une leffive, jamais on ne trouvera le moindre veftige d'une Terre
calcaire. Je ne vois donc ici d'autre
moyen d'éluder la difficulté, que de
fuppofer que dans le cours des fiécles,
l'Acide vitriolique s'eft fi intimement
combiné avec la Chaux dans le fein
de la terre, qu'à préfent il eft impoffible de l'en féparer ; & j'avoue que
cette fuppofition n'eft pas deftituée
de toute probabilité ; mais je ne vois
pas que l'on en puiffe donner des preuves complettes.

Les Pierres Gypfeufes font de différentes couleurs : les unes font plus
dures que les autres. Telle eft celle
d'Italie qui eft beaucoup plus tranf-

parente que les nôtres. Il peut arriver que les Pierres de ce genre soient fortuitement mêlées de différentes substances étrangeres, & produisent en conséquence des phénoménes différens. Il ne faut, par exemple, qu'une chaleur très-modérée pour faire tomber en morceaux le Gypse blanc de Speremberg, au lieu que la Pierre Gypseuse grise du même endroit reste entiére au même dégré de feu. On sçait assez que le Gypse est mis en fusion par les grands miroirs ardens ; mais il n'est point décidé, comme Wallerius le prétend, que tous les Gypses aient la propriété de luire dans l'obscurité & de produire une flamme d'un bleue clair, après qu'elles ont été calcinées une ou plusieurs fois. J'ai déja remarqué plus haut, que mes expériences m'ont fait voir le contraire.

Albâtre. C'est mal à propos que Koénig & d'autres Naturalistes ont regardé l'Albâtre comme une espéce de Marbre. Ritter prétend, dans son *Traité des Albâtres*, qu'ils sont composés de parties de sable, & que leur couleur blan-

che vient des parties de plomb rongées qu'ils contiennent ; mais, quelque essai que l'on en ait fait, on n'a
encore pu y découvrir aucunes particules ni de plomb ni de sable. Quand
Henckel dit que *l'Albâtre se fond assez
facilement*, c'est un fait que mes expériences ne confirment point, s'il est
exposé seul à l'action du feu ; le fait
n'est vrai que quand il est mêlé avec
d'autres espéces de Terre. Wallerius
dit que *l'Albâtre calciné fait quelque
effervescence avec les Acides ; qu'il dégage l'esprit urineux du Sel Ammoniac ;
que semblable en cela à la Chaux pure ,
il ne se durcit point , après avoir été imbibé d'eau ; & que le Gypse calciné fait
aussi quelque effervescence avec l'Eau
forte* ; mais je n'ai point remarqué ces
phénoménes dans les Albâtres de
nos Pays ; d'où je conclus , que , s'il
y en a d'autres qui produisent ces effets, on doit les regarder, non, comme des Albâtres purs , mais comme
des Albâtres mêlés d'une Terre calcaire. Au reste , tout le monde sçait
qu'il se trouve des Albâtres de différentes couleurs & de différens dégrés

de dureté, & que les uns prennent le poli, tandis que d'autres trop tendres n'en prennent point.

Glacies Mariæ. Le *Glacies Mariæ*, auquel on donne aussi le nom de *Sélénite*, & que Galien appelle *Spuma Lunæ* ou *Aphroselenos*, est aussi nommé *Lapis Specularis*, quoique Dale & quelques autres Naturalistes aient entendu par Pierre Spéculaire le Talc ou Verre de Russie, qui se divise en larges feuilles, & qu'il est d'autant plus nécessaire de bien distinguer de la Sélénite à laquelle il ressemble beaucoup à l'extérieur, à moins qu'il ne soit en morceaux d'une certaine épaisseur : sa couleur est alors plus foncée & beaucoup moins transparente ; d'ailleurs on sçait qu'ordinairement la Sélénite est plus tendre que ce Verre ou Talc de Russie. Sa conleur est communément blanche ; cependant on en trouve aussi beaucoup qui est jaune. L'Albâtre est sa matrice ordinaire ; & l'on y trouve répandus des morceaux de Sélénite grands, larges, & fort beaux. On dit qu'il s'en rencontre aussi dans les Mines d'Etain. D'autres prétendent qu'il

y en a dans les Pierres à Chaux &
dans les Carriéres de marbre ; mais ce
fait mérite d'être mieux conflaté. Il
eft vrai que Henckel dit qu'il a trouvé du *Glacies Mariæ* qui n'avoit point
d'éclat dans une Pierre à Chaux ; mais
il conjecture lui-même que cette fubftance y avoit été portée par l'eau, &
qu'elle s'étoit formée par la voie de
la cryftalifation. Volckmann prétend
expliquer fa formation , en difant
qu'elle a été produite par la fermen-
tation d'un Guhr mercuriel ; mais cela ne fignifie rien.

Henckel a cru qu'elle étoit formée
d'une matiére crétacée combinée avec
un Sel volatil. Mais dans les efpéces
que j'ai examinées, la diftillation ne
m'a point fait appercevoir ce Sel volatil ; & s'il fe trouvoit des Sélénites
qui en donnaffent , tout ce que l'on
pourroit en conclure , ce feroit que
ce Sel volatil a éte formé d'un Acide
huileux par la force du feu. Ce qui eft
remarquable , c'eft que cette Pierre,
quoique féche , donne dans la diftillation une portion affez confidérable
d'une liqueur infipide ; phénoméne ,

auquel on ne devroit naturellement
point s'attendre. Il reste à examiner
si cette eau n'a pas quelques propriétés particuliéres. Pour découvrir la
prétendue matiére crétacée, j'ai di-
stillé la *Sélénite* avec une portion
égale de Sel Ammoniac ; mais il ne
passa qu'un simple phlegme, qui n'a
rien d'urineux, ensuite le Sel Ammoniac se sublima sans altération. Je la-
vai le résidu avec de l'eau que je fil-
trai, je précipitai la lessive avec une
solution de Sel alcali pur, & il ne se
trouva qu'une très-petite portion de
terre blanche. On sçait qu'en faisant
les mêmes opérations sur la Craye,
on y observe des phénoménes tout
différens. La Sélénite mise toute seule
dans un creuset ouvert, & exposée
ainsi à l'action du feu le plus violent,
n'est pas entrée en fusion ; elle n'a fait
que se calciner. C'est en conséquence
de cette propriété, qu'on pourroit en
certaines occasions s'en servir avec
succès pour faire des supports aux matiéres qu'on expose au feu ; cependant
on prétend qu'elle se vitrifie enfin au
feu des Miroirs ardens. Il est certain

que la Sélénite contient une substance colorante jaune ; car si on fait fondre parties égales d'Argile blanche lavée, & de Sélénite, il se forme une masse d'un jaune clair. Quand on mêle le Spath fusible, & la Sélénite en portions inégales, ce mélange fond très-promptement, & se lie très-étroitement. Le *Lapis Seleniticus Scandalensis*, qui ne fait point d'effervescence avec les Acides, & qui éclate beaucoup au feu, doit encore être rapporté à cette même classe.

Je ne crois pas que ce soit trop m'écarter de mon sujet, que d'ajouter ici un mot sur l'usage médicinal de la Sélénite calcinée. Les Anciens ont regardé le Gypse, & toutes les substances semblables, comme de vrais poisons ; & il n'est pas douteux que, si l'on en prenoit une certaine quantité à la fois, ils ne produisissent, en prenant corps ou en se coagulant, des effets très-funestes : aussi s'en sert-on avec succès pour faire crever les rats, & les souris. Cependant, malgré cela, plusieurs Médecins recommandent aujourd'hui l'usage de la Sélénite calcinée, tantôt comme un *Specificum virgineum*, tantôt contre la peste, tantôt contre les fiévres chaudes & pourprées, l'Epilepsie, la Gonorrhée, la Synovie, la Dysenterie, la Fistule, & les Tumeurs ; d'autres vont jusqu'à la regarder comme une Panacée minérale, & c'est ce préjugé qui l'a mise en vogue à Vienne, & à Prague. On dit encore qu'elle fait le principal ingrédient des poudres de Helcher, de Dusen, de Douza, & de Rosser, qui ont de la réputation. D'où l'on peut conclure au moins, que prise rarement, & en petite quantité, elle ne doit point produire des effets fort nuisibles ; on conçoit même qu'en certains cas elle peut servir en quelque façon à coaguler des humeurs vicieuses, & devenir réellement utile à la santé ; mais il n'est pas si facile de décider, si prise indifféremment en toute occasion, elle doit produire des effets salutaires, & si dans plusieurs circonstances on ne pourroit pas trouver des remédes plus sûrs & moins dangereux.

Pierre à Chaux.   Je remarque sur la page 19 de

l'Ouvrage de M. Woltersdorff, qu'il est aisé à se convaincre, que les Pierres à Chaux, quoiqu'elles varient à l'extérieur, ne différent pourtant qu'en des choses purement accidentelles, & se ressemblent toutes par les attributs qui constituent véritablement leur essence. Ce n'est qu'accidentellement que quelques-unes de ces Pierres se décomposent plus promptement que les autres, quand elles sont exposées à l'action de l'air, & que quelques-unes sont plus tendres, d'autres sont plus dures; il y a même des Marnes blanches, auxquelles on donne le nom de *Terres crétacées*, qui sont tirées du sein de la terre, ou du fond des lacs & des marais, qui se changent en une vraie Chaux, quand elles sont calcinées. A l'égard de ces derniéres substances, il faut croire avec M. Ludewig, que l'eau extrait, ainsi que le feu & l'air, le *Gluten* de la Chaux, si l'on suppose que la Nature ait d'abord tout produit sous la forme de Pierres. Henckel croit à la *page* 596 de ses *Opuscules*, que la Pierre à Chaux est produite par une eau de

mer putréfiée ; mais ce fyftême demande à être appuyé par beaucoup
de recherches exactes. Selon moi le
Sel volatil que l'on obtient de cette
Pierre par le moyen de la diftillation,
n'en eft pas une preuve fuffifante ; car
ce Sel naît originairement de l'Acide
du Sel qui, lorfqu'il eft mis en mouvement par l'action du feu, fe divife
& fe fubtilife par le frottement avec
le Phlogiftique & la Terre calcaire ;
mais la fimple infufion, ou décoction
de la Pierre à Chaux ne laiffe voir aucun veftige d'un Sel volatil qui, s'il
y exiftoit en effet, devroit naturellement fe diffoudre par l'eau. Outre
cela on prétend que toutes les efpéces
de Pierres à Chaux ne donnent point
de fubftance urineufe par la diftillation, & qu'il y en a quelques-unes
dont on obtient une liqueur un peu
acide ; cependant le plus grand nombre donne un Sel urineux, ou volatil.
L'odeur qui part de la Pierre à Chaux,
quand on la calcine, la caufticité
qu'elle communique aux Sels Alcalis,
les folutions du foufre & des matiéres graffes par l'eau de Chaux, & la

couleur que la Chaux donne au Mercure, quand il est précipité dans les Acides, font voir qu'elle contient une substance bitumineuse & inflammable. Il est encore constant que la Pierre à Chaux contient une substance saline, dont la nature & les propriétés méritent d'être examinées de plus près, car jusqu'ici on ne sçait point si l'on doit la regarder comme un Acide du Sel Marin, ou comme un Acide vitriolique.

M. Denso nous apprend à la *page* 87 de ses *Lettres Physiques*, qu'il se trouve des Pierres dont la base est une vraie Terre calcaire, quoiqu'extérieurement elles ressemblent parfaitement à un Caillou. Dans un feu ordinaire, quelle que soit sa violence, la Pierre à Chaux n'entre jamais en fusion toute seule, mais il faut qu'elle soit mêlée avec d'autres espéces de Terres ; & quand on la joint dans une certaine proportion aux Mines de Fer réfractaires, elle corrige ce défaut avec beaucoup de succés. On prétend que cette Pierre se vitrifie au feu du soleil concentré par les Miroirs ardens.

Wallerius rapporte à la *page* 55 de sa *Minéralogie* un fait très-singulier ; il dit que près de Zattwick il se trouve une Pierre à Chaux brune & compacte qui a la propriété de se vitrifier à un certain dégré de feu ; mais on ne doit point s'imaginer, comme fait cet Auteur, que c'est le Pétrole ou l'Acide vitriolique, qui est la cause de cette vitrification; car ces substances loin de donner de la fusibilité aux Terres simples, & aux Verres, les rendent plus réfractaires & plus difficiles à fondre ; il n'y a que les Terres régulines, & métalliques à qui elles puissent communiquer de la fusibilité lorsqu'on en fait la réduction. L'huile de vitriol ne peut pas non plus rendre fusible la Terre calcaire. On sçait que ce qu'on appelle *Sélénite*, est produit par la combinaison de ces deux substances ; & l'on n'ignore pas que le Sel alcali qui par lui-même est très-fusible, devient fort difficile à fondre, quand il est suffisamment saturé avec l'huile de vitriol. Les effets sont différens, quand l'un des deux est saturé plus qu'il ne le faut. On conçoit

çoit de plus que l'huile de vitriol détruiroit plutôt la Terre calcaire, en changeroit les propriétés, & l'empêcheroit de s'échauffer, & de se durcir avec l'eau, de sorte qu'une pareille Chaux ne pourroit plus servir aux mêmes usages. Il présume qu'un examen plus exact feroit voir que cette disposition à se fondre, dont parle Wallerius, vient du mélange de quelque terre, ou ferrugineuse, ou argileuse, car elles contribuent très-sensiblement à rendre la Pierre à Chaux fusible.

Les Anciens avoient du Marbre une idée bien différente de celle que nous nous en formons aujourd'hui. C'est ce qu'on peut voir dans Zircher qui donne le nom de Marbre à toutes les pierres qui sont légéres, qui prennent le poli, & qui sont marquées de différentes couleurs. On sent que cette description met dans la classe des Marbres un grand nombre de Cailloux, de Pierres gypseuses, & de Pierres argileuses. Il est certain, que les Tailleurs de Pierres, les Marbriers & les Sculpteurs donnent encore sou-

Marbre.

K

vent indifféremment le même nom à toutes ces Pierres. Cependant on est de plus en plus convaincu aujourd'hui que la Terre qui fait la base du Marbre, est une Terre calcaire, & que les caracteres distinctifs d'un vrai Marbre sont de faire effervescence avec les Acides, & d'être assez dur pour pouvoir prendre le poli. En un mot le Marbre est une Pierre calcaire, compacte & solide. J'abandonne aux Critiques, & aux Physiciens superficiels, qui ne s'arrêtent qu'à l'écorce des choses, les recherches étymologiques sur les différens noms du Marbre, aussi-bien que l'énumération des couleurs qu'on remarque dans cette Pierre. La seule connoissance de la Terre, qui sert de base, suffit pour faire voir que Linnæus se trompe, quand il dit que le Marbre est formé de l'Argile ; car au lieu de se durcir au feu, il y perd sa liaison, & devient plus tendre. C'est sans raison que quelques Auteurs pensent que le Marbre s'est formé du limon ; car quoiqu'il contienne un peu de Terre calcaire, elle ne fait jamais que la moindre portion de son volume, & la plus grande partie du limon ne fait point d'effervescence avec les Acides ; au lieu qu'un Marbre blanc comme celui d'Italie , ne contient dans toute sa masse que la Terre calcaire la plus pure , & se dissout par conséquent entiérement dans les Acides.

Ordinairement les Auteurs entendent par *Basaltes* la même chose que la Pierre de Touche. Ce nom ne diffère donc point de celui de *Basano*, & par conséquent il ne désigne pas toujours précisément un vrai Marbre noir ; mais on le donne aussi quelquefois à d'autres Pierres. On en voit un exemple dans le *Basaltes de Stolpe* , qui est en réputation depuis très-longtems. Cependant Agricola , Boot, & Bruckmann prétendent que cette Pierre ne doit point être regardée comme un Marbre noir. Elle ne fait pas la moindre effervescence avec les Acides ; le feu ne la change point en Chaux vive ; & la Terre qui lui sert de base , est semblable à une Ardoise argileuse entremêlée d'une Terre ferrugineuse. C'est pour ces mêmes rai-

Basaltes,
Pierre de
Stolpe.

K ij

sons que Henckel dit qu'elle est composée d'une Terre vitrifiable, & de
particules ferrugineuses. Personne n'a
encore observé, ni peut-être même
soupçonné, que la seule action d'un
feu violent, sans le secours d'aucun
fondant, pût mettre en fusion cette
Pierre, & la changer en une Scorie
noire semblable à une Agathe de la
même couleur & si compacte, qu'elle
fait feu contre l'Acier. Il est donc évident que cette Pierre est composée
de la même façon que toute autre Ardoise argileuse, mêlée de particules
martiales, qui se fond par elle-même,
ou qu'une véritable Pierre de touche,
à laquelle elle ressemble d'ailleurs en
ce qu'elle prend les couleurs des métaux qu'on y a frottés. Sa couleur est
de différentes nuances, tantôt noirâtre, tantôt d'un gris cendré, tantôt
d'un gris de fer. Plus elle est noire, plus elle est propre à servir de
Pierre de touche. Elle est très-dure,
mais elle ne l'est point assez pour faire
feu avec l'Acier ; je suis donc étonné
de voir que Gorræus dise qu'*elle ne se
laisse ni tailler ni limer* ; l'expérience

nous fait voir qu'elle est susceptible
de l'un & de l'autre. L'Antiquaire du
cours de l'Elbe renchérit encore sur
Gorræus , & dit à la page 241 , que
sa dureté égale presque celle du Dia-
mant. Il est très-surprenant que sa
figure soit toujours prismatique &
composée de cinq, de six, de sept & de
huit angles, que quelquefois même
elle ressemble à une solive équarrie, &
que ses côtés soient unis comme s'ils
avoient été polis par art. Tous ces
prismes sont placés perpendiculaire-
ment, comme des tuyaux d'orgue :
ils ont ordinairement 12 à 14 pieds
de haut. On peut en voir la figure très-
exactement représentée dans l'ouvrage de Boot. C'est sur de pareilles
Pierres placées les unes près les autres,
& qui s'élevent de huit aunes & demie
au-dessus de la montagne, qui est bâti
le château de Solpenstein , ce qui fait
qu'il est inaccessible de toutes parts.
Henckel conclut avec vraisemblance
de la figure réguliére & toujours constante de cette Pierre, qu'elle est produite par une crystalisation. Comme
cette Pierre est fort liée & très-dure ,

les Relieurs & les Batteurs d'or s'en servent les uns pour y battre les livres, les autres leur métal. On la détache avec de la poudre à canon, & on la coupe en morceaux de telle grandeur que l'on veut avec une scie de cuivre & du sable. En Saxe on est dans l'usage d'en faire les bornes qu'on met devant les maisons. Pline dit qu'il se trouve des Pierres de cette espéce en Ethiopie. On prétend qu'il s'en trouve aussi dans le lit du Danube, & dans les montagnes d'Irlande. Henckel nous apprend dans ses Opuscules minéralogiques, que l'on en trouve près de Brandau. Boot, à la page 498, indique quelques endroits de la Silésie, où il s'en rencontre pareillement, & le magasin de Hambourg parle à cette occasion d'un endroit situé dans le voisinage de Lignitz près de Nicolstadt, au pied de la Montagne appellée Monchsberg.

Pierres à bâtir de Suede. Les Pierres à bâtir de Suede, qu'on nomme *Fliessen* & qu'on connoît assez dans nos pays, devroient être mises au rang des espéces de Marbre les plus communes. Je présume que ces Pierres ne diffèrent en rien de celle que Wallerius appelle *Cos cædua*. Cet Auteur les met au rang des Grais ou Pierres fabloneufes, & croit qu'elles font compofées d'un Sablon fin entremêlé de limon, ou comme Hiaerne dit, d'un Sable fin, & d'une Terre argileufe, & il ajoute que l'on en fait des Tombes, des Meules & des Pierres à repaffer. Il foupçonne en même tems que l'Argile cubique qui entre dans leur compofition, eft la caufe de la figure qu'elles affectent pour l'ordinaire. Cependant, comme il eft conftant qu'elles font effervefcence avec les Acides, que le feu les change en Chaux, & qu'elles prennent le poli quoique foiblement, il faut néceffairement les mettre au rang des Marbres, & on ne peut aucunement les placer ni parmi les Grais, ni parmi les Spaths fufibles; on conçoit d'ailleurs que la figure cubique vient d'une efpéce de cryftalifation. Je dois encore obferver à cette occafion, que plufieurs Auteurs célébres qui ont écrit fur l'Architecture avancent fans fondement que l'action

K iv

du feu peut changer en Chaux vive toute forte de Pierres indifféremment ; la chofe eft impoffible en elle-même , attendu que la plupart de ces Pierres font du genre des Cailloux ; mais je ne prétens pas nier pour cela qu'il ne s'en trouve de calcaires , & que par conféquent l'action du feu ne puiffe réduire en Chaux celles qui font dans ce cas. Elles font fi reconnoiffables, que les gens de la Campagne les diftinguent à la fimple vûe , & les ramaffent pour en faire de la Chaux. D'ailleurs une goutte d'eau forte fuffit pour les faire connoître.

Spath alcalin ou calcaire.

Comme le Spath calcaire, ou le Spath alcalin , que l'on nomme auffi *Marmor metallicum,* fait évidemment effervefcence avec les Acides, il eft naturel de le mettre au rang des Pierres calcaires. On dit cependant qu'il s'en rencontre quelquefois qui ne fait pas d'effervefcence avant que la calcination ne l'ait dégagé de la fubftance glutineufe qui envelope la furface de fes parties. Je ne puis donc être du fentiment de Broemel, qui prétend qu'il s'en trouve à Bradfors , dont on

peut faire le plâtre le plus fin. Linnæus prétend que c'est une substance
séléniteuse qui fait effervescence avec
l'huile de vitriol, & qui peut se changer en Gypse. M. Bruckmann au
contraire regarde cette Pierre *comme
une substance moyenne entre la Chaux
& le Caillou, & ajoute qu'elle n'est
point aisée à convertir en Chaux.* Henckel croit que le Spath calcaire differe
du Quartz, en ce que le Spath contient une plus grande quantité de
parties mercurielles, & le Quartz
une plus grande quantité de parties
vitrescibles. Sa couleur est ordinairement blanche : cependant il y en a
qui tire sur le rouge, sur l'incarnat,
sur le verd, sur le jaune, &c. Il est
composé de petites lames & de rhomboïdes, & se divise de la même maniére, ou en paralellipipedes. J'ai
déja parlé plus haut de sa propriété
phosphorique ; mais il me reste à observer qu'il est moins lumineux quand
il a été réduit en une poudre très-fine,
que quand il n'est que concassé gros-
siérement. Dans un feu ordinaire il
éclate presque toujours, se met en

K v

morceaux, & devient en même tems si friable & si tendre, qu'on peut le pulvérifer entre les doigts. Quand on en fait de la Chaux, cette Chaux fait une effervefcence affez confidérable avec les Acides. Cette Pierre eft fouvent très-pefante. Quand on la joint avec d'autres mêlanges de Terres ou de Sels, elle leur donne très-fouvent, à caufe de la fubftance colorante qu'elle contient, une couleur noirâtre, quelque foin qu'on prenne pour fermer exactement le creufet. Linnæus en rapporte une expérience remarquable, quand il dit que cette Pierre réduite en une poudre très-fine, & mêlée enfuite avec de l'eau, reprend de la liaifon avec le tems, quand on la laiffe en repos, & forme des Cryftaux pierreux.

Cryftal d'Iflande. C'eft fans raifon que des Auteurs célébres, comme Anderfon en dernier lieu, regardent le Cryftal rhomboïdal d'Iflande, comme une efpéce de Sélénite rhomboïdale, ou comme une Pierre Spéculaire dure. Il n'eft pas plus exact de dire avec M. de la Hire, que c'eft une efpéce de Talc.

D'autres veulent que ce soit un Crystal qui tient de la nature du Caillou. Aucun de ces sentimens n'est
appuyé sur des examens chymiques.
Je ne trouve pas que l'on ait fait
mention de ce Crystal avant qu'Eras-
me Bartholin eut publié son Traité
intitulé : *Experimenta Crystalli Islan-
dici Disdiaclastici.* Cet Auteur dit en
termes formels, que *c'est une Pierre entiérement transparente, comme du Crystal ; qu'elle est composée de rhomboïdes, qu'elle s'écrase très-aisément dans
un mortier, qu'un feu violent la change
en une Chaux qui s'échauffe quand elle
est humectée avec de l'eau, que l'eau
forte la dissout avec un peu de bruit, &
prend une couleur jaune ; que l'esprit de
vitriol précipite cette solution, &c.* Ces
phénoménes sont très-bien caractéri-
sés, c'est ce qui a déterminé Linnæus
& Wallerius à mettre ce Crystal au
rang des Spaths calcaires transparens. Cependant Henckel rend la
chose douteuse dans son Traité *sur la
formation des Pierres* ; car quoiqu'il y
dise qu'au feu il se casse en morceaux
triangulaires, il assure en même tems

à différentes reprises , qu'il devient très-fluide dans le fourneau à vent , sans le secours d'aucun fondant , propriété qui ne se trouve pas dans une Pierre calcaire pure. Mais il me paroît très-probable que l'on aura envoyé à Henckel pour du Crystal d'Islande, une Pierre qui en différoit totalement. Il ne dit point dans sa description, que la pierre qu'il a examinée , fût aussi transparente que du Crystal, au contraire il l'appelle *Agathe* , pierre *à laquelle il dit qu'elle ressemble si fort qu'on ne peut pas lui donner de nom plus propre , à moins que ce ne fût celui de fausse Topase* ; & dans un autre endroit il ajoute : *La Sélénite de Norwege que l'on peut ratisser avec les ongles , ne ressemble point à la Sélénite calcaire qui tient plutôt de la nature de la Marne ; elle est savoneuse au toucher , & n'est nullement transparente.* Comme cet Auteur dit de la Substance qu'il a examinée , qu'elle n'étoit ni transparente , ni d'une nature calcaire , & comme il ne fait aucune mention de sa solution par les Acides , & de son changement en Chaux, il eſt naturel de conclure qu'on ne lui aura point envoyé du Cryſtal d'I-ſlande; car tout ce qu'il en rapporte ne s'accorde aucunement avec la deſ-cription de Bartholin. Au reſte, il eſt certain que le petit nombre d'échan-tillons que mes amis m'ont procurés de cette Pierre, ont conſtaté les expé-riences de ce dernier Auteur. Elle eſt tranſparente comme un Cryſtal. Elle ſe fend preſqu'auſſi aiſément que la Sélénite; elle fait efferveſcence avec les Acides qui la diſſolvent; dans un feu médiocre elle ne ſe calcine qu'à la ſurface, quoiqu'elle reſte tranſpa-rente à l'intérieur. Elle y prend pour-tant un petite teinte d'un blanc de lait. Lorſque je l'ai expoſée à un feu très-violent, elle n'eſt jamais entrée en fuſion, mais elle s'eſt entiérement réduite en Chaux en conſervant tou-te ſa figure extérieure. Quand on la calcine dans un creuſet fermé, ſa Chaux tire un peu plus ſur le brun, & fait une efferveſcence beaucoup plus foible avec les Acides; cepen-dant elle ſe diſſout, quoique lente-ment, dans l'Eſprit de Nître auſſi

bien que dans l'Esprit de Sel ; la Craye
au contraire traitée de la même façon
fait une effervescence aussi forte qu'auparavant. En donnant un feu aussi
violent qu'il étoit possible dans un
creuset ouvert, cette Chaux est devenue blanche, au lieu de prendre une
couleur brune comme auparavant,
& elle n'a pareillement fait qu'une
effervescence assez foible. En la mêlant & en la fondant avec une portion égale de Spath fusible ou fluor de
Spath, on en obtient, comme de
tous les mêlanges des Spaths alcalins
& des Spaths fusibles, un beau verre
jaunâtre. J'ai aussi vu du Crystal d'I-
slande alcalin, qui étoit entiérement
jaune, comme une fausse Topase. Il
s'étoit formé dans une coquille de
moule, dont il avoït rempli toute
la capacité. Il me fut aisé de conclure de cette circonstance, qu'il
s'étoit fait une espéce de solution &
de crystalisation. Au reste ce Crystal n'est pas tellement propre à l'Isle
d'Islande, que l'on n'en trouve point
ailleurs. J'en ai eu qui m'est venu de
la Suisse ; il étoit transparent comme

celui d'Islande, & en avoit toutes les autres propriétés. Il faisoit effervescence avec les Acides, & dans un feu médiocre, il se rompit en rhomboïdes; il avoit cela de particulier, que le feu ouvert le rendit un peu plus brun & le durcit un peu plus que l'autre, aussi perdit-il en même tems la propriété de faire effervescence avec l'eau forte. Anderson rapporte qu'il a trouvé un Spath semblable près de Clausthal au Hartz. Ces crystalisations alcalines, ou ces efflorescences, ou crystalisations minérales ne sont pas si rares; il s'en trouve encore dans plusieurs autres mines, & tantôt elles sont transparentes, tantôt demi-transparentes, tantôt jaunes, & tantôt d'une autre couleur. Il faut mettre dans cette même classe le Spath jaune d'Hanowre dont j'ai parlé en traitant des Pierres Phosphoriques, celui de Rudersdorff, & quelques autres espéces de Spaths alcalins qui ressemblent entiérement au Cryfal jaune d'Islande.

Volckmann prétend que le Tuf s'est formé d'une terre limoneuse en-

tremêlée d'eau , & d'un Naphte dif-
posé à se coaguler ; mais c'est là une
combinaison de termes qui ne renferme pas de sens. Selon M. Linnæus ,
il est composé d'un Sable farineux &
d'un Sable ferrugineux, ou d'une Terre ferrugineuse & limoneuse ; mais ni
le Sable , ni la substance ferrugineuse ne font point les principales parties
de sa composition : sa partie essentielle
est toujours une Terre calcaire , qui
a été détrempée dans de l'eau , que le
courant de cette eau a emportée , &
qui s'est déposée ensuite. Il est vrai
que l'on en trouve aussi dans un ter-
rein sec , mais il faut nécessairement
que ces endroits aient été remplis autrefois d'une eau chargée qui ne s'est
écoulée qu'après coup. Toutes les espéces que j'en ai pu trouver ont fait
effervescence avec les Acides. Cependant la déposition de la matiére qui
forme cette Pierre , peut se faire sur
différentes espéces de Terres , sur du
Sable , sur de l'Argile , ou sur une
Terre ferrugineuse ; ou il peut encore arriver que l'eau en même tems
qu'elle emporte la Chaux , emporte

& dépose une Ochre ferrugineuſe. C'eſt la raiſon pour laquelle il y a des Tufs blancs qui ne contiennent point de parties ferrugineuſes ſenſibles, & qui ſe convertiſſent en une Chaux blanche, tandis que d'autres ſont gris, &c. Il eſt conſtant que les Tufs ferrugineux jaunes, & bruns ſont beaucoup plus communs. Cette Pierre dans le commencement, & ſurtout tant qu'elle eſt encore couverte de terre, eſt moins dure, qu'elle ne le devient par la ſuite, lorſqu'elle a été expoſée à l'action de l'air : cependant ſa dureté auſſi-bien que ſa légéreté, & ſa poroſité différent dans ſes différentes eſpéces. Quelques-unes peuvent être avantageuſement employées dans les bâtimens : n'étant pas peſantes, elles les chargent moins que d'autres Pierres, & étant fort poreuſes, elles ſe lient très-bien par la Chaux. Il y en a des eſpéces à qui on donne le nom de *Pierres à Ciment* ; elles ſont très-légéres ; en Hollande & en Allemagne on en fait une Chaux qui eſt d'un uſage excellent dans tous les ouvrages qui ſont baignés par les eaux, tels que les citernes, les caves, les arches, &c. La prééminence de cette Chaux fur les autres vient fans doute de la porofité du Tuf, qui fait qu'elle fe lie très-étroitement. Quelques-uns prétendent qu'il faut commencer par l'écrafer, la mêler enfuite avec la moitié ou deux tiers de Chaux de coquilles, & s'en fervir toute chaude pour les bâtimens dont je viens de parler. On ajoute que cette pierre fe trouve en grande quantité à Konigslutter.

Stalactite. La Stalactite eft auffi une Pierre alcaline. Tous les phénoménes que l'on y remarque prouvent qu'elle doit fon origine à une Terre calcaire divifée, & entraînée par l'eau. Il n'eft point décidé, & l'on n'a aucune preuve que du Quartz il fe puiffe former une Stalactite : c'eft par la ftillation d'une matiére calcaire dont eft formée la Stalactite, que fe produifent les Pierres, qui reffemblent à des Pois, *Pifoliti*, à du Fenouil, à des Cubes, à des Dragées, au *Confetti di Tivoli*, à des Raves, à des Statues, à des Cloches. M. de Buffon croit

que la Stalactite ne parvient jamais
à la dureté du Marbre, cependant il
est certain qu'il se forme dans les bains
de Carlsbad une Pierre blanchâtre &
jaunâtre qui se laisse travailler, & qui
prend le poli comme du Marbre. Il
seroit bon que l'on examinât avec
exactitude jusqu'à quel point s'accorde avec l'expérience le sentiment de
Henckel qui dit, *que la Stalactite, les
Fleurs de Fer, Flos Martis, le Spath,
le Talc, la Sélénite, le Glacies Mariæ,
le Mica, appartiennent à la classe des
Pierres qui participent à la nature de la
Chaux, & à celle du Caillou, LAPI-
DES CALCAREO-SILICEOS ; qu'on
peut les calciner comme une Pierre à
Chaux ; que, quand on les humecte avec
de l'eau, il en part une odeur de pourriture, mais qu'ils ne peuvent jamais
être employés aux mêmes usages que la
Chaux ou le Gypse.* J'abandonne ces recherches à d'autres, & je me contente
d'observer que dans quelques-unes de
ces Pierres je n'ai pas trouvé les propriétés que Henckel leur attribue.

Notre Auteur passe encore sous silence plusieurs autres Pierres calcai-

res, qui sont cependant assez connues.
Telles sont le *Lapis Suilus*, ou Pierre-Porc, l'Ostéocolle, l'Ardoise calcaire, une infinité de pétrifications & de productions marines, comme sont les Os, les Huitres, les Moules, les Ecrevisses, les Coquilles, les *Lapides Judaïci*, les *Lapides Lyncis*, les Bélennites, &c. Je dois observer à cette occasion, que plusieurs des Terres alcalines, dont je viens de faire l'énumération, sont tellement embarassées, & envelopées par des parties huileuses & charbonneuses, qu'elles ne font point d'effervescence sensible avec les Acides, & qu'elles ne s'y dissolvent qu'avec le tems & d'une façon imperceptible. Le Noir d'Ivoire, par exemple, ne fait point d'effervescence avec l'eau forte, parceque ses parties calcaires font, pour ainsi dire, enduites d'une Terre charbonneuse. Il est évident que cette Terre en est la véritable cause, puisque ce même Ivoire, lorsqu'il a été calciné à feu ouvert, & que la Terre charbonneuse a pu se consumer, se dissout ensuite assez promptement

dans l'Acide, auquel il réſiſtoit auparavant. La même choſe arrive,
quand cette Terre charbonneuſe
commence à ſe produire dans un
corps : & il y a pluſieurs ſubſtances
pierreuſes, & calcaires, qui, après
avoir été calcinées, ſur-tout dans un
creuſet fermé, ne font plus une efferveſcence auſſi marquée, qu'elles fai-
ſoient avant la calcination.

La Pierre-Porc, *Lapis ſuilus*, ou Pierre-Porc.
pecuarius, ou la *Pierre puante*, eſt encore du genre des calcaires ; mais on
la diſtingue de toutes les autres par
ſa mauvaiſe odeur. Broemel dit, que
c'eſt une eſpéce de Pierre à Chaux.
Wallerius l'appelle un *Spath alcalin
opaque*. Mais on en trouve parmi toutes les eſpéces de Pierres à Chaux. Il
faut mettre au nombre de ces Pierres
le *Katſenſtein*, ou la *Pierre à Chat* de
Ritter, qui ſe trouve à Wiegerſdorff,
dans le Comté de Stolberg, où elle
forme une montagne entiére, & où
l'on eſt dans l'uſage d'en joindre en
certaines proportions au Fer que l'on
fait fondre pour le purifier. Il faut encore rapporter ici ce qui ſe trouve à la

page 169 *du Recueil de Vérités intéres-*
santes, imprimé à Berlin ; on y parle
d'une Pierre-Porc (*Lapis Suilus*,) qui
se trouve dans l'Église du Marché à
Stolberg : elle est dure, noirâtre, &
poreuse, se calcine comme la Pierre
à Chaux, quoique M. Bruckmann la
mette, à la *page* 1254 *du* 11 *T. de ses*
Lettres itinéraires, au rang des Albâtres. Aux environs de la ville de
Stolberg, il se trouve encore une
montagne entiére qui n'est composée que de Pierres de la même espéce, & il y a apparence que celles
qui sont répandues dans la campagne, en ont été détachées. On trouve aussi des Ardoises calcaires, qui
ont une mauvaise odeur. Le Magasin de Hambourg parle, *page* 439.
du V. Tome, d'une espéce, dont la
couleur est grise, & qui renferme des
poissons pétrifiés. J'en ai une toute semblable à cette derniére, excepté que sa couleur est d'un gris tirant
sur le jaune. J'ai encore un Marbre
noir, & compacte, qui est d'une très-
mauvaise odeur. Parmi les Spaths alcalins qui donnent une mauvaise

odeur, il faut compter celui qui se trouve dans l'Isle d'Oeland, & qui tantôt est d'un brun foncé, tantôt noirâtre. Il semble être composé de longs fils ou stries : il est même transparent en petits morceaux, & il pétille quand on le met dans un feu ouvert. C'est cette espéce de pierre, que l'on a coutume d'appeller *Spath crystalin & seléniteux*. Les Auteurs qui ont entrepris d'expliquer la cause de l'odeur de toutes ces Pierres, ont supposé bien des choses qui ne sont point vraies. Le Recueil de Berlin que nous avons déja cité, prétend que cela vient d'un Soufre fétide, d'une vapeur arsenicale & volatile, & enfin compare l'odeur de cette Pierre avec celle du Soufre d'Antimoine, parceque l'on tire de l'Antimoine de la montagne des environs de Stolberg, dont il a été parlé. On dit au même endroit, que cette Pierre n'est point une Ardoise qui tienne de la nature du Charbon de terre ; cependant on en tire à la distillation un phlegme, une huile semblable à celle que donnent les

Charbons de terre, & un peu de Sel
volatil ; de plus, il se trouve dans le
résidu des traces de Sel marin : on
n'est donc pas fondé à dire, qu'elle
ne contient point de substance bitumineuse. D'autres font venir cette
odeur d'un Sel urineux combiné avec
des parties huileuses ; mais de la façon dont je conçois les choses, ce
Sel urineux n'existe pas réellement
dans ces Pierres, & il est plutôt à
croire, qu'il ne se forme qu'après
coup, & dans le tems même de l'expérience ; toutes ces espéces de Pierres au contraire contiennent une certaine portion d'Acide subtilisé, &
étroitement lié avec des parties huileuses : (c'est par cette raison, que
le Spath se trouve principalement
dans le voisinage des Mines d'alun).
Or, ces substances étant froissées
contre la Terre calcaire, & atténuées
par le frottement, il s'en forme enfin
un Sel volatil, sur-tout, quand l'action du feu, qui augmente & exhale
l'odeur de l'huile, se joint à ces mou-
vemens. Si dans ces Pierres il existoit
réellement un Sel volatil, il faudroit
qu'il

qu'il se manifestât sensiblement dans une solution faite par l'eau ; mais on n'y en découvre point. De plus, ces mêmes Pierres répandent une odeur fétide , quand on y verse de l'Eau forte , au lieu que naturellement ce dissolvant devroit affoiblir une odeur qui seroit produite par un Sel volatil.

Il faut que je dise encore un mot de l'Osteocolle. Dans ma Lithogéognosie , je l'ai mise au nombre des Pierres calcaires , parceque une Terre alcaline fait la base de sa composition. Mon sentiment est fondé non-seulement sur l'effervescence que fait cette Pierre avec les Acides , mais encore sur sa calcination ; car au lieu de se durcir au feu , elle y devient plus friable , & après en avoir éprouvé l'action , elle approche davantage de la nature de la Chaux. Wallerius lui refuse cette propriété calcaire ; mais Henckel a déja fait voir, que l'Osteocolle , qui se trouve aux environs de Jena , est une espéce de Pierre calcaire. Cependant je ne prétens point nier , que selon la différence des endroits où elle se trouve , elle

L

Osteocolle.

ne puiſſe être accidentellement mêlée de parties argileuſes, & même
ſouvent de parties ſablonneuſes. Je
m'en ſuis même aſſuré par l'expérience, en faiſant fondre enſemble une
partie d'Oſteocolle, avec deux parties de Sel alcali pur ; j'obtins par-là
un verre de couleur laiteuſe, qui reſſembloit preſque à une Opale. On eſt
d'ailleurs bien aſſuré, que ce n'eſt
point des ſeules racines du Peuplier
qu'elle ſe forme ; tous les environs de
Beskow ſont couverts de Pins, de
Trembles, & de Chênes ; on n'y rencontre des Peupliers, qu'à une grande diſtance des endroits où on trouve l'Oſteocolle en abondance, &
même les plus âgés d'entre les Habi-
tans ne ſe ſoûviennent pas d'y avoir
jamais vu croître cette eſpéce d'ar-
bre ; ainſi il ſe peut fort bien que
non-ſeulement les racines, mais encore les branches d'arbres, les plantes
même, & les champignons fourniſ-
ſent en d'autres endroits la baſe de
ces Oſteocolles. Outre l'Oſteocolle
calcaire, dont je viens de parler, il
eſt encore fait mention d'une Oſteo-

colle saline. Henckel est le seul Auteur qui en parle. A la *page 287* de son *Flora Saturnisans*, il rapporte, qu'elle lui a été envoyée par le Docteur Findekeller de Beskow. Dans un autre endroit il la met en termes exprès au nombre des Sels alcalins, & dans un autre encore il dit, *que c'est une espéce de Borax, qui ne peut être recueillie que quand il fait un tems serein, parceque hors de ce tems on ne ramasse qu'une écume visqueuse : il ajoute, que son goût est urineux, ou alcalin ; mais que malgré cela c'est un Sel neutre, ou un Acide saturé par une Terre alcaline, qui ne fait point d'effervescence avec les Acides, ne détonne point avec le Nitre, se change sans addition en un verre opaque, & qui mêlé avec du Nitre forme un verre blanchâtre.* Il détermine d'une maniére toute particuliére le sujet dont il parle, en l'appellant *Osteocolle saline, & amere, qui se trouve dans la marche de Brandebourg près de Sonnenbourg.* Les propriétés singuliéres que Henckel attribue à cette Osteocolle, m'exciterent à prendre toutes les peines

imaginables pour m'en procurer , &
j'appris , que l'Oſteocolle ordinaire
& calcaire ſe tire vers la S. Jean en
aſſez grande quantité , non-ſeulement
des collines ſablonneuſes qui ſe trouvent près du village de Radineken-
dorf , ſitué à une lieue de Beskow , &
à peu de diſtance de la Sprée , mais
encore de la montagne de Pimpinel-
lenberg qui eſt peu éloignée de Sonnenbourg ; mais jamais je n'ai rien
pu découvrir de la prétendue Oſteocolle ſaline , perſonne des environs
ne la connoît , & toutes les eſpéces
qui m'ont été envoyées , ont ſoutenu
le feu le plus violent ſans entrer en
fuſion. Mes recherches ont donc été
entiérement infructueuſes , & j'ai eu
lieu de former différentes conjectu-
res , que j'ai cru devoir ſupprimer
ici. Il y a une autre eſpéce d'Oſteocolle , qu'on dit avoir la forme du
Verre. Henckel en parle à la *page*
157. du *Flora Saturniſans*, d'après la
Maſtographia de Hermann : il dit ,
*que caſſe en morceaux elle brille comme
du Cryſtal ; qu'elle taille le Verre , comme le diamant ; qu'elle eſt creuſe en de-*

dans , & qu'elle contient un peu de Fer & d'Argent ; que lorsqu'on la tire de la terre , elle est plus tendre , que lorsqu'elle a été exposée à l'action de l'air ; qu'elle se durcit au point de couper le Verre , comme feroit le Caillou ; qu'elle contient une espéce de moëlle , qui à l'extrémité supérieure est plus liquide , qu'elle ne l'est à l'inférieure , & qu'on doit regarder cette Osteocolle , comme une production pierreuse semblable au Corail. Ces propriétés sont sans doute très-singuliéres , & mériteroient bien un examen sérieux ; il ne paroît pas qu'aucune espéce de Corail puisse parvenir à la dureté dont il est ici parlé ; cependant comme jusqu'ici il ne m'a pas été possible d'obtenir un échantillon de ce fossile , je suis forcé d'abandonner cette recherche à d'autres. S'il n'y avoit pas certaines circonstances qui y missent obstacle , je serois assez disposé à croire , que la substance dont il s'agit , est une Pierre à Fusil rongée , & détruite en partie par les injures du tems.

Notre Auteur dit à la *page* 27 , que la *Calamine tient de la nature de*

Calamine.

L iij

l'*Argile* ; mais je ne conçois pas
sur quoi il peut appuyer son sentiment ; & j'ignore si des essais exacts
lui ont fait voir qu'elle se durcissoit
au feu ; car il est certain , qu'une petite portion d'Argile suffit pour durcir au feu une portion considérable
d'autres Terres. Je sçais que les Ca-
lamines de Tscheren, de Commodaw,
& de Tarnowitz ne se sont durcis ni
dans un feu médiocre, ni dans un feu
violent : & quoique celle d'Aix-la-
Chapelle , & une autre encore deviennent plus dures dans un feu extrêmement violent, il reste à sçavoir,
si ce durcissement résulte d'une Terre
argileuse , ou d'une certaine portion
de Terre ferrugineuse , que la Calamine contient ordinairement. En général il seroit à souhaiter que quelqu'un examinât cette substance fossile
avec l'exactitude nécessaire.

Lapis-La-
zuli.

A la *page* 30, notre Auteur met
le Lapis Lazuli , & la Malachite au
rang des Mines de Cuivre , parceque , comme dit l'Auteur au §. 33 ,
ces fossiles contiennent une portion
très-sensible de ce métal ; mais cette

portion de Cuivre n'est pas bien considérable ; & si toutes les Pierres qui contiennent des particules cuivreuses, devoient être comptées parmi les Mines de Cuivre, il faudroit nécessairement y comprendre aussi la Pierre Nephretique, le Saphire, l'Emeraude & la Turquoise, & par la même raison on seroit obligé de mettre l'Hyacinthe, le Granite, &c. au nombre des Mines de Fer. La dénomination qu'on donne à une chose, doit toujours être empruntée ou de ce qui y domine, ou de ce qu'elle contient de plus précieux ; mais le peu de Cuivre qui se trouve dans les Pierres dont il s'agit, n'est à leur égard ni l'un, ni l'autre. Boot, Linnæus, & plusieurs autres Naturalistes mettent le Lapis Lazuli au rang des Mines d'Or ; mais celui que nous connoissons aujourd'hui, n'a aucune qualité qui l'approche de ces Mines. Wallerius a mieux rencontré, quand il a dit, que *le Lapis Lazuli est un Jaspe bleu, qu'il conserve sa couleur au feu, que cette couleur y devient même plus vive, si, quand il a*

rougi, on en fait l'extinction dans du vi-
naigre ; qu'il y rend une odeur sulfureu-
se, & qu'il contient à peu près un sei-
ziéme de Cuivre, avec une très-petite
portion d'Argent & d'Or. Mais lorfque ce même Auteur regarde le *La-*
pis Armenius, qui perd fa couleur au
feu, comme une efpéce d'Azur, la
terre qui fert de bafe à cette Pierre
m'empêche d'être de fon fentiment.
Boot, & d'autres ont avancé, que le
Lapis Armenius, & le Lapis Lazuli
fe diftinguent l'un de l'autre, en ce
qu'on remarque à celui-là de petites
traces d'Argent, & à celui ci de petites traces d'Or ; mais cette diftinction eft peu fondée. Dans les expériences que j'ai faites, j'ai trouvé
que pour détruire cette couleur d'Or,
il ne faut que faire rougir la Pierre
au feu ; il y a plus, celle qu'on apperçoit dans le Lapis, ne réfifte pas
même à l'action de l'Eau forte ; or
ces phénoménes ne devroient point
avoir lieu, s'il falloit attribuer ces
traces, qui font en effet d'une couleur d'Or extrêmement belle, à la
préfence d'un Or véritable. La diffé-

rence réelle de l'une à l'autre confiste
en ce que la terre fubstantielle du
Lapis Lazuli eft une Pierre qui
tient de la nature du Caillou & du
Quartz, & que par conféquent elle
fait feu avec l'Acier, & ne produit
point d'effervefcence avec les Acides,
au lieu que la bafe du *Lapis Arme-*
nius eft une Terre calcaire, ou, comme on pourroit encore dire, un
Spath alcalin, qui par conféquent
fait effervefcence avec tous les Acides, mais ne donne point d'étincelles lorfqu'on le frape avec de l'Acier.

 Wallerius regarde la Malachite, Malachite.
comme un Jafpe verd de l'efpéce de
ceux qu'un grand frottement rend
très-phofphoriques. Mais je ne fçau-
rois être de fon fentiment. Il eft vrai
que la Malachite fait feu avec l'A-
cier; mais les étincelles qu'on en
tire, ne font pas auffi abondantes
que celles que donne le Jafpe verd;
de plus celui-ci ne devient phofphorique ni par un frottement foible,
ni par une chaleur forte, au lieu
que la Malachite le devient à une
chaleur médiocre, & que, comme

L v

Henckel le remarque aussi, elle se fond tout-à-fait à un feu violent. Le Jaspe verd que j'avois mis au même feu avec la Malachite, ne s'y fondit point du tout ; mais ces pierres y perdirent l'une & l'autre leur couleur verte, & devinrent d'un gris blanc. Il s'ensuit de ces expériences, que la partie pierreuse de la Malachite est un Spath, qui tient de la nature du Quartz, ou qu'elle est un Caillou qui contient quelque chose de la matiére du Spath, au lieu qu'il ne se trouve rien de spathique dans le Jaspe ; il en est par conséquent d'autant plus ferme & compacte, & c'est par cette raison que les Damasquineurs s'en servent pour presser l'Or dans les hachures du Fer, & de l'Acier qu'ils ont dessein de dorer. Van Helmont le jeune rapporte à la page 81. de ses Paradoxes, *que dans les Mines d'Argent des environs de Schwatz au Comté de Tirol, il se trouve une Pierre qui resiste au feu, qui est transparente, & blanche, qui s'ouvre d'elle-même, & qui pousse par une ouverture étroite une moëlle, ou semence*

verdâtre, ou bleuâtre, *qui s'endurcis-*
sant dans la suite forme une Pierre
bleuâtre, ou verdâtre, que l'on appelle
Malachite. Cet Auteur se perd à cette occasion dans des idées systémati-
ques sur la génération des Pierres ;
mais cette prétendue semence n'est
autre chose, qu'un Spath qui tient
de la nature du Quartz, & qui rencontré par une solution cuivreuse,
lorsqu'il étoit encore humide, &
tendre, en a été pénétré.

Les vitrifications du Cuivre & du
Fer ne sont pas toujours de la même
couleur, elles different souvent beaucoup. Si l'on n'ajoute pas quelqu'autre substance à l'Etain épuré, notre
feu ne le changera jamais en un Verre blanc, mais bien en une Chaux
que le feu commun le plus violent ne
pourra mettre en fusion.

A la *page* 31. notre Auteur met la   Magnesie.
Magnesie au rang des Mines de Fer.
Henckel a été dans le même sentiment, & Wallerius est encore d'accord avec eux : en effet il dit, que le
quintal de Magnesie contient jusqu'à
dix livres de Fer, & même davanta-

L vj

ge. J'ai inſeré en 1740 dans les *Miſcellanea Beſolinenſia*, un examen de la Magneſie des Verriers, & j'ai remarqué que dans une ſemblable Magneſie pure, & telle qu'on peut l'obtenir ici, il ne ſe manifeſte pas le moindre atôme de Fer, ſoit par la voie ſeche, ſoit par la voie humide. J'ai répété de pluſieurs maniéres différentes les expériences relatives à cet examen, & leur réſultat ayant toujours été le même, il en a fallu conclure, qu'une Magneſie pure n'eſt point une Mine de Fer, & que ce ne peut être que par accident, qu'on trouve quelquefois dans cette Pierre une certaine portion de ce métal.

Blende, Mine de Plomb, ou Crayon.

Ce n'eſt pas avec aſſez de fondement que notre Auteur met la Mine de Plomb dans la claſſe des Mines de Fer, & Wallerius eſt en quelque ſorte plus exact, quand il la place parmi les Pierres réfractaires, ou *Apyres* : mais il y auroit encore plus de préciſion à la mettre au nombre des Pierres talqueuſes. Je ſuis fort éloigné de nier, que cette Pierre ne contienne une petite portion d'une

Terre ferrugineuse, je me suis même expliqué là - dessus plus au long dans un Mémoire intitulé : *Examen Pseudogalenæ* , & inseré dans le même Tome des *Miscellanea Besolinensia* , que je viens de citer ; mais la partie principale de la Mine de Plomb, n'est autre chose qu'une Terre talqueuse, & savonneuse ; & la portion de la substance ferrugineuse dont elle est entremêlée est si petite, que je ne crois point que jamais quelqu'un ait entrepris, ni entreprenne de l'en tirer avec avantage. Or dans la dénomination, & dans la distribution des êtres, il faut avoir égard à ce qui constitue la partie principale de leur substance.

Aux *pages* 17 & 49. notre Auteur cite l'expérience faite avec l'Acide vitriolique & l'Argile , que j'ai rapportée à la *page* 108 de ma Lithogeognosie, sur la matiére constituante de l'Alun. Les opinions communes, qui font consister l'Alun en un Acide vitriolique mêlé d'un Marbre calcaire, ou cretacé, d'une Terre spathique , & gypseuse , ou

Alun.

d'une Ardoife, d'un Talc, d'une Marne, d'un Lait de Lune, d'un Verre non mûr, &c. font très-peu fondées. On n'a pas mieux réuffi à faire de l'Alun de toutes ces matiéres, qu'à en obtenir des coquilles d'Huitres, de Moûles, & des Os calcinés; tous les produits qu'on a obtenus, ont ordinairement été infipides, & fe font cryftalifés fous la forme de plumes, & d'une maniére à ne plus pouvoir fe diffoudre. D'autres Auteurs fe font tournés du côté des concrétions argileufes; & c'eft par cette raifon, que pour faire de l'Alun quelques Auteurs prefcrivent de prendre les Ardoifes limoneufes, les Marnes argileufes, les Bols, les Argiles, les Terres figillées, de l'Argile cuite, des Pots de terre cuits au feu, & fans Vernis, des fragmens de Pipes de Hollande, & quelquefois même une Calamine, ou Cadmie bolaire, qui cependant contient déja de l'Alun, même avant que d'y joindre l'Acide vitriolique. Il faut convenir que l'opération qui fe fait avec l'Argile blanche, & l'Efprit de vitriol eſt la plus ſimple de toutes, & que la ſubſtance ſaline que l'on obtient par cette expérience, approche le plus du véritable Alun. Je crois donc pouvoir conclure, que de toutes les Terres alcalines, il n'y en a que quelques-unes qui ſoient propres à cette opération, & que la ſubſtance dont je viens de parler, ou ſe trouve dans l'Argile, & dans la Pierre argileuſe, ou qu'elle s'y forme dans le tems même de l'opération. Cependant je ne prétens point dire par-là, que la Nature ſoit abſolument bornée à produire cette eſpéce de terre uniquement de la Terre argileuſe, & qu'elle ne ſe trouve nulle part ailleurs, quoique la Terre argileuſe ſoit très-commune, & aſſez univerſellement répandue. Cette Terre doit avoir les propriétés ſuivantes : il faut qu'elle ſoit alcaline, ou qu'elle le devienne ; qu'elle demeure ſoluble dans l'Acide vitriolique : que le Sel alcali fixe, ou volatil, ou le Zinc, la précipite de la ſolution ſous la forme d'une Terre alcaline blanche ; que ſon goût ſoit

aftringent, & douçâtre, & qu'elle
fe gonfle fur les charbons. Quant à
ce gonflement, il femble réfulter de
certaines circonftances qui font particuliéres aux opérations en grand ;
car il eft rare d'obferver ce phénoméne dans les effais en petit. Il y a des
Auteurs qui ont négligé d'appliquer
toutes ces propriétés à la recherche
de l'Alun ; d'où il eft arrivé, qu'ayant
feulement rencontré quelques - unes
de ces propriétés dans un fujet, ils fe
font perfuadés, & ont voulu perfua-
der aux autres, qu'ils avoient trouvé
un véritable Alun. On peut faire ce
reproche à M. Geoffroi, qui dit dans
les Mémoires de l'Académie de Paris
de *l'année* 1747, que la *Corne de cerf*
brulée, les Os de mouton calcinés, & les
cendres leſſivées produiſent avec l'Huile
de vitriol un véritable Alun, & que
par conféquent l'Alun demande toujours néceffairement une Terre animale, ou végétale calcinée par un
feu, ou ordinaire, ou fouterrein. Il
feroit manifeftement inutile de chercher, ou de préfumer une Terre femblable dans l'Argile blanche; car fi

elle y exiſtoit, il faudroit qu'elle ſe laiſsât extraire également par d'autres Acides ; cependant cela ne ſe fait point. De plus, il n'y a pas d'apparence qu'on puiſſe la ſuppoſer dans les Mines d'Alun pyriteuſes & ſulfureuſes, ni dans les Mines d'Alun pierreuſes & rougeâtres qui ſe trouvent en Italie. D'ailleurs il s'en faut beaucoup, que les productions que M. Geoffroi cite, ſoient de véritables Aluns. Les Cryſtaux qu'elles forment, ne ſont pas auſſi grands que ceux de l'Alun : elles ne ſe gonflent point au feu, comme lui ; & ce qui eſt le point le plus important, elles ont un goût amer au lieu du goût douçâtre & aſtringent qu'elles devroient avoir, ſi elles étoient en effet ce que l'on veut qu'elles ſoient. Il y a apparence que ce Phyſicien a cru toute autre épreuve ſuperflue, que celle qui lui montroit l'Alcali précipitant de ſes productions ſalines une terre blanche comme celle de l'Alun ; mais ce ſeul phénoméne ne ſuffit point pour décider ; car, quand on fait filtrer de la Chaux mêlée avec

de l'Huile de vitriol , il paſſe avec la
liqueur une ſubſtance ſaline , que
l'Alcali précipite pareillement ſous
la forme d'une Terre blanche.

Quant à ce qui regarde particuliérement la Corne de cerf brulée ,
elle produit avec l'Huile de vitriol
un Sel dont les Cryſtaux ſont très-
minces , qui n'a pas tant un goût
alumineux , qu'un goût âcre , qui ne
ſe fond point ſur les charbons , & qui
étant rougi au feu devient preſque
tout à-fait inſipide. Pareillement , la
production qui ſe forme des Os de
moutons calcinés n'a point un goût
alumineux , elle a de la peine à ſe
cryſtaliſer , elle reſte plutôt ſemblable à une maſſe ſaline ; miſe ſur du
charbon ardent , elle prend la forme
d'une Scorie ſaline blanchâtre. La ſubſtance qui ſe fait avec des Os de bœufs
calcinés & de l'Huile de vitriol , a
preſque toutes les propriétés de la
production précédente ; c'eſt un Sel
dont les Cryſtaux ſont pleins , dont
le goût eſt un peu aſtringent , & âpre ,
qui ſe gonfle un peu ſur le charbon ,
& qui à la fin ſe reſſerre & forme une

Scorie blanchâtre. On obtient des cendres leſſivées un Sel ſubtil, amer, à longs Cryſtaux, dont le goût n'eſt aucunement alumineux, que l'Alcali précipite ſous la forme d'une Terre blanche, & qui ne fuſe pas ſur le charbon ardent. C'eſt ainſi qu'il ſe forme encore de la Magneſie, du Nitre, & de l'Acide vitriolique, un Sel à longs cryſtaux, dont le goût eſt amer, & que l'Alcali précipite pareillement en blanc. En précipitant le Sel d'Angleterre, ou le Sel de Seidlitz par un Sel alcali, on obtient une quantité de Terre blanche, qui ayant été édulcorée, & diſſoute enſuite dans l'Acide vitriolique, reproduit un Sel amer, purgatif, qui eſt ſemblable au premier, & ce qui reſte de cette terre, eſt un Tartre vitriolé. Quand on précipite encore la Terre de l'Alun par un Alcali, qu'on l'édulcore bien, & qu'enfin on la diſſout dans l'Acide vitrioliqne, la ſolution reprend manifeſtement ſon goût alumineux, & aſtringent. Parmi les Minéraux, la Magneſie contient particuliérement une pareille Terre alumineuse ; car en calcinant enfemble cette Pierre & du Soufre, & en les leffivant enfuite, on en obtient un Sel qui approche beaucoup de la nature de l'Alun : cependant il eft encore un peu amer, & ne fe fond ni ne fe gonfle pas tout-à-fait autant que l'Alun, quand on le met fur des charbons ardens. Du refte, l'Alcali précipite de la folution une Terre tout-à-fait blanche. La reffemblance de ce Sel & de l'Alun eft encore plus grande, quand après avoir calciné la Magnefie, on en fait l'extrait par l'Acide vitriolique ; car alors on obtient des Cryftaux affez grands, qui ont un goût d'Alun bien marqué, fans toutefois fe fondre, & fans fe gonfler au feu, comme le véritable Alun ; d'où il paroît, que ce dernier phénoméne réfulte en quelque façon de certaines circonftances, qui ne fe rencontrent pas également dans les opérations en grand, telles qu'une plus grande quantité de Leffive, une cryftalifation moins hâtée, &c.

A l'égard des grands Cryftaux, il eft à propos de fe fouvenir ici, que

l'Alun dans sa premiére cryſtaliſation tombe ordinairement sous la forme d'un Sel farineux très-ſubtil, &
qu'il ne ſe forme de grands Cryſtaux,
qu'après une cryſtaliſation réitérée.
Du reſte, je ne ſçais sur quoi ſe
fondent les Auteurs qui prétendent,
que les Aluns different extrêmement
les uns des autres. La Terre, & l'A-
cide vitriolique qui en font la baſe,
font toujours les mêmes, & il ne ré-
ſulte pas une différence eſſentielle de
ce que la précipitation ſe fait avec
de la vieille urine, ou avec de la leſſive de Potaſſe, ou avec la derniére
leſſive des Chandeliers, ou avec de la
Chaux; tout ce qui en peut réſulter,
c'eſt que l'un pourroit rendre un
peu plus d'Eſprit d'urine, que l'autre.
Si, comme il eſt certain, l'Alun rougeâtre, que l'on a coutume d'appeller *Alun Romain*, ſe diſtingue de l'A-
lun commun dans les compoſitions
par ſa couleur rouge & claire, il eſt
probable que l'on doit chercher la
cauſe de cette différence, en ce qu'en
le préparant on ne le précipite point
par le moyen de l'urine, ou de l'Al-

cali, ou de la Chaux, car ces préci-
pitans rendent le rouge clair plus
foncé. Je ne dois pas oublier de dire,
qu'il refte encore à examiner, s'il n'y
a pas dans la compofition de l'Alun
quelque chofe d'un Acide du Sel marin, & fi ce même Acide n'eft pas
une des caufes qui rendent l'Alun
propre à devenir Pyrophore, quand
il eft combiné avec des fubftances
inflammables & feches.

Fer natif. A la *page* 51. notre Auteur adopte
le fentiment de M. Cramer, qui prétend dans fa Docimafie, *que la Nature
n'a jamais produit du Fer natif.* Mais
ne faut-il pas néceffairement que
les Mines, les Sables, & les Grenats
ferrugineux, que l'Aimant attire tous
bruts, & fans qu'auparavant ils aient
été rougis, & pénétrés d'une fubftance inflammable, contiennent un Fer
natif, qui foit parfait, quoique la
terre dont il eft entremêlé, l'empêche d'être malléable; car l'Aimant
n'attire qu'un Fer parfait, & jamais
une Terre ferrugineufe. Les exemples qui prouvent ce que je viens
d'avancer, ne font pas extrêmement

rares. Broëmel parle à la *page* 144.
de sa *Mineralogie*, d'un Sable martial
noir qui se tire dans la Gothie orientale, de quelques Lacs de Helsing-
werme, & dont la moitié est attirée
par l'Aimant, sans que l'on ait besoin
de le faire griller auparavant. On
trouve encore en d'autres endroits de
pareils Sables ferrugineux, noirs,
qui tombent très-promptement au
fond de l'eau : & M. le Professeur
Denso rapporte à la *page* 4. du se-
cond Programme qu'il a donné *sur
les Fossiles rares de la Poméranie*, que
l'Aimant a tiré une demi-livre de
Fer d'une terrinée de Sable de Col-
berg ; & il ajoute, qu'il a fait la
même expérience sur d'autres espéces
de Sable. Mais pour en venir aux
Mines mêmes de Fer, on lit à la *page*
617. de la premiére partie du Dictionnaire de M. Zinck, qu'il se trouve du Fer natif en Norwege, & en
Stírie. Stahl dit, *page* 363. *de ses Opuscules, qu'on trouve dans le pays de
Saltzbourg & d'Eiful, & dans les
montagnes de Silesie, des grains de
Fer que l'on peut étendre en lames à*

*coups de marteau, & qui par consé-
quent sont nécessairement du Fer pur, ou
vierge.* Henckel spécifie, à la *page*
406 de sa *Pyritologie*, plusieurs mines & pyrites sulfureuses de la Saxe,
& de la Suede, qui se laissent attirer
par l'Aimant aussi-tôt que l'on en a
séparé le Soufre. A la *page* 510 du
11 Tome des *Voyages par Mer, &
par Terre*, on rapporte qu'il se trouve
du Fer natif en grande abondance
sur le bord de la riviére Senegal en
Afrique, & que les Negres ont coutume de l'employer tel que la Nature leur offre, & d'en forger des
pots, des chaudrons, &c. Si après
tous ces témoignages on doute encore de la vérité du fait, on pourra s'en
convaincre entiérement par la vue
des échantillons d'un volume assez
considérable, qui se conservent dans
les riches Cabinets de minéraux de
Messieurs Eller & Marggraf.

Si je finis ici mes remarques sur
l'Ouvrage de M. Woltersdorff, ce
n'est pas que je regarde comme parfaitement exacte, & decidé tout ce
que je n'ai pas repris ; il reste plusieurs

sieurs Articles, sur lesquels je n'ai
point encore prononcé, parceque je
ne les ai pas examinés suffisamment.
Je ne doute point que de nouvelles
recherches ne multiplient les découvertes, & ne conduisent par la suite
à plus de précision.

Les sujets dont j'ai parlé sont
les seuls que j'ai eu quant à présent
le tems & l'occasion d'approfondir.
Quant à ceux sur lesquels je n'ai jet-
té qu'un coup d'œil, on auroit tort
de me supposer dans la persuasion
que la nature m'en soit entiérement
connue.

Parmi une infinité de faces sous
lesquelles les substances peuvent être
considérées, je ne les ai regardées
que par celles qui pouvoient m'indiquer ou les matieres qui faisoient
la plus grande partie de leur composition, ou celles qui s'y montroient
le plus à découvert; & je ne prétens
point nier qu'elles ne puissent ren-
fermer autre chose que ce que j'y ai
vû. Les Terres & les Pierres alcalines
par exemple se ressemblent toutes
en ce qu'elles rompent l'action des

M

Acides, & qu'elles en anéantiſſent la
nature ; mais cela n'empêche point
qu'il n'y ait en elles un mêlange ſubtile , & en différentes proportions
d'autres matiéres , qui font leurs dif-
ferences ſpécifiques ; & ce ſont ces
matiéres que nous ne connoiſſons
point du tout. Telles ſont les différences entre la Craye, la Chaux, le
Spath , le Marbre, l'Os de ſeiche ,
Os ſepiæ , l'Oſteocolle, les yeux d'E-
creviſſe , le *Lapis lyncis* , les Coquilles , &c. On trouvera ſans doute
ees corps très-diſſemblables les uns
des autres dans leurs ſolutions avec
différens Acides , dans leurs change-
mens de couleurs , dans la précipitation des magiſteres colorés , dans la
fuſion , dans la vitrification , dans les
mêlanges avec d'autres eſpéces de
terres , &c. Mais il faut pour ces découvertes , & toutes les autres qui
ne peuvent être faites qu'à *poſteriori* ,
du tems, des expériences, & des obſervations exactes ; il faut avouer en
attendant , qu'on n'y parviendra que
par les différentes combinaiſons des
corps les uns avec les autres. C'eſt

ainſi que l'on a ſçu que la Craye
& la Cendre leſſivée ſont diſtinguées
très-réellement de la Chaux-vive,
puiſque, quand on mêle chacune de
ces ſubſtances avec du Sel ammoniac,
les deux premieres donnent un Sel ſec
fort abondant, qui en s'élevant emporte avec lui une quantité de terre
ſubtile, & qu'on obtient de la derniere, non du Sel concret, mais ſeu-
lement une liqueur ou Eſprit cauſti-
que. C'eſt par la même voie qu'on
s'eſt aſſuré, que les phénoménes ſi
différens qui s'obſervent dans l'efferveſcence de la Craye & du Spath
calcaire calcinés avec les Acides,
réſultent néceſſairement d'une cauſe
cachée dans leurs différentes compoſitions.

F I N.

APPROBATION.

J'Ai lu par ordre de Monseigneur le Chancelier une Traduction de la *Lithogéognosie* de M. *Pott*, *avec une Continuation*, & celle du *Traité du Feu* du même Auteur. Ces Ouvrages m'ont paru répondre parfaitement à la réputation dont jouit leur illustre Auteur, & être très-propres à soutenir parmi nous le goût de la bonne Chymie. A Paris le 5 Décembre 1751.

VENEL.

PRIVILEGE DU ROI.

LOUIS, par la grace de Dieu Roi de France & de Navarre, à nos amés & féaux Conseillers les Gens tenans nos Cours de Parlement, Maîtres des Requêtes ordinaires de notre Hôtel, Grand Conseil, Prevôt de Paris, Baillifs, Sénéchaux, leurs Lieutenants Civils, & autres nos Justiciers qu'il appartiendra, SALUT. Notre Amé *Jean-Thomas Hérissant, Libraire à Paris, Adjoint de sa Communauté*, Nous a fait exposer qu'il défireroit faire imprimer, réimprimer, & donner au Public des Ouvrages qui ont pour titre : *Description de Paris par Germain Brice; Essai Pyrotechnique sur la Lithogéognosie, ou Examen Chymique des Pierres & des Terres*

ordinaires ; Traité des Eaux Minérales de Ba-
guères, contenant l'analyse chymique des fources minérales de Salut & d'Artignelongue, par
M. de Salaignac ; Dictionnaire portatif des
Beaux Arts ; la Vie du Maréchal Fabert, par
le Révérend Père Barre, Chanoine Régulier ;
s'il nous plaisoit lui accorder nos Lettres de
Privilége pour ce néceſſaires : A CES CAUSES,
voulant favorablement traiter l'Expoſant ,
nous lui avons permis & permettons par ces
Préſentes de faire imprimer & réimprimer
leſdits Ouvrages en un ou pluſieurs volumes,
& autant de fois que bon lui ſemblera , & de
les vendre , faire vendre & débiter par tout
notre Royaume pendant le tems de dix années conſécutives , à compter du jour de la
date des Préſentes ; faiſons défenſes à tous
Imprimeurs-Libraires , & autres perſonnes
de quelque qualité & condition qu'elles
ſoient , d'en introduire d'Impreſſion étran-
gere dans aucun lieu de notre obéïſſance ,
comme auſſi d'imprimer ou faire imprimer,
vendre , faire vendre , débiter ni contrefaire
leſdits Ouvrages , ni d'en faire aucuns Ex-
traits ſous quelque prétexte que ce ſoit ,
d'augmentation , correction , changmens ou
autres ſans la permiſſion expreſſe & par écrit
dudit Expoſant , ou de ceux qui auront droit
de lui , à peine de confiſcation des Exemplaires contrefaits, de trois mille livres d'amen-
de contre chacun des contrevenans, dont un
tiers à Nous , un tiers à l'Hôtel-Dieu de Paris , & l'autre tiers audit Expoſant , ou à celui qui aura droit de lui , & de tous dépens ,
dommages & intérêts ; à la charge que ces

Préfentes feront enregiftrées tout au long
fur le Regiftre de la Communauté des Imprimeurs & Libraires de Paris, dans trois
mois de la date d’icelles ; que l’Impreffion &
réimpreffion defdits Ouvrages fera faite
dans notre Royaume, & non ailleurs en bon
papier & beaux caracteres, conformément à
la feuille imprimée attachée pour modele
fous le contrefcel des Préfentes ; que l’Impé-
trant fe conformera en tout aux Reglemens
de la Librairie, & notamment à celui du 10
Avril 1725 ; qu’avant de les expofer en ven-
te, les Manufcrits & Imprimés qui auront
fervi de copie à l’Impreffion & réimpreffion
defdits Ouvrages feront remis dans le même
état où l’Approbation y aura été donnée ès
mains de notre très-cher & féal Chevalier
Chancelier de France le Sieur DELAMOI-
GNON, & qu’il en fera enfuite remis deux
Exemplaires de chacun dans notre Biblio-
theque publique, un dans celle de notre Château du Louvre, un dans celle de notredit
très-cher & féal Chevalier Chancelier de
France le Sieur DELAMOIGNON, & un dans
celle de notre très-cher & féal Chevalier
Garde des Sceaux de France le Sieur DE MA-
CHAULT, Commandeur de nos Ordres ; le
tout à peine de nullité des Préfentes : du
contenu defquelles vous mandons & enjoi-
gnons de faire jouïr ledit Expofant & fes
ayans caufes, pleinement & paifiblement,
fans fouffrir qu’il leur foit fait aucun trouble
ou empêchement : Voulons que la copie des
Préfentes qui fera imprimée tout au long au
commencement ou à la fin defdits Ouvra-

ges foit tenuë pour dûement fignifiée ; &
qu'aux copies collationnées par l'un de nos
amés & féaux Confeillers Sécretaires , foi
foit ajoutée comme à l'Original : Comman-
dons au premier notre Huiffier ou Sergent
fur ce requis de faire pour l'exécution d'icelles tous Actes requis & néceffaires , fans de-
mander autre permiffion , & nonobſtant cla-
meur de Haro , Charte Normande , & Lettres à ce contraire : Car tel eſt notre plaifir.
Donne' à Verfailles le 22 du mois de Janvier , l'an de grace 1752 , & de notre Regne
le trente-feptiéme. Par le Roi en fon Con-
feil. SAINSON.

*Regiſtré fur le Regiſtre XII de la Chambre
Royale des Libraires & Imprimeurs de Paris,
Nᵒ. 697. fol. 537 , conformément aux anciens
Reglemens , confirmés par celui du 28 Février
1723. A Paris le 25 Janvier 1752.*

COIGNARD, *Syndic.*

PAge 39. *ligne* 22. Schenchzer, *lisez* Scheuchzer.

Ibid. l. 26. Clauder, *lis.* Clauder.

Ibid. l. 28. *Secunda*, lis. *Suecana.*

Page 45. *l.* 20 & 21. L'aimanthe, *lis.* l'amiante.

48. *l.* 22. Hatz. *lis.* Hartz.

53. *dans la note*, filans, *lis.* filons.

90. *l.* 6. Sinectis, *lis.* Smectis.

132. *l.* 25. Senalte, *lis.* Smalte.

148. *l.* 3. *Baldicmi*, lis. *Balduini.*

154. *l.* 20. les, *lis.* le.

164. *l.* 26. Linnacus, *lis.* Linnœus.

213. *l.* 2. a se, *lis.* de se.

216. *l.* 3. Zattwick, *lis.* Rattwick.

217. *l.* 17. Zircher, *lis.* Kircher.

221. *l.* 21. Solpenstein, *lis.* Stolpenstein.

252. *l.* 2. *Besolinensia*, lis. *Berolinensia.*

253. *l.* 5. *Besolinensia*, lis. *Berolinensia.*